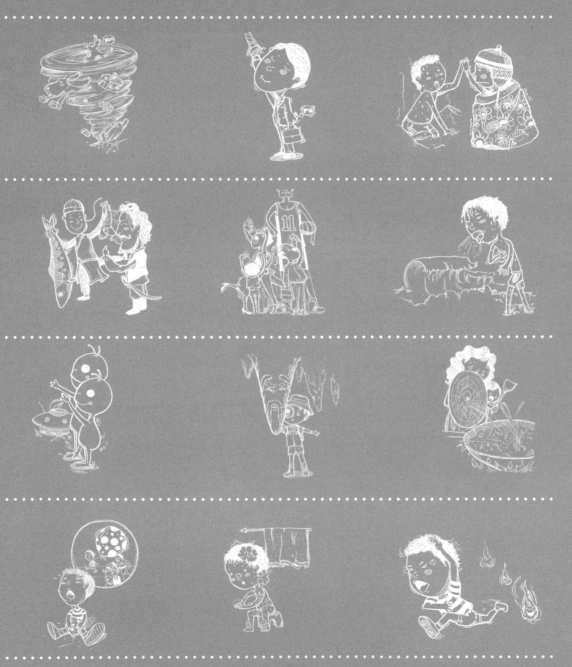

自然課沒教的事 **3**

植物大觀園

楊平世 著 曾源暢 圖

植物篇

Part1　樹啊樹啊我把你種下

地球科學篇

Part2 一閃一閃亮晶晶

物理和化學篇

Part3 魔法變變變

氣象篇

Part4　天黑黑，要落雨

Part1

樹啊樹啊
我把你種下

——植物篇

❓ 堤防的底部總是比上方寬？為何要在堤防兩邊種植植物？

 問：我到爸爸的工地參觀，發現堤防的底部總是比上方寬，為什麼呢？還有，為什麼工人在堤防兩邊種植植物？

 答：「築堤防為什麼要底寬上窄呢？」有很多小朋友認為這純是為了減少材料的負擔；其實並不是這樣，主要目的是為了使堤防能承受水壓。因為河水、海水愈深，水向橫向所產生的水壓也愈強，所以一定要把底部築得更寬才能承受得住水的壓力；而且上窄下寬的堤防也可使堤防更加牢固。

至於「為什麼工人要在堤防上種植植物呢？」主要原因是植物的根系能固結堤防上的土壤，也能吸水，減低流速，使土壤不至於流失，也使水壓沖擊堤防時能減弱，對堤防所造成的為害也就能減少了！相反的，如果堤防不種植物或砌上水泥、磚塊，那麼一下雨或河水、海水一沖擊，堤防往往便會潰決了！

❓ 行道樹下方為何刷成白色？

問：在台灣有許多行道樹幹的下方，常被刷成白色，為什麼要這樣做啊？還有，白色的物質究竟是什麼東西？

答：在台灣許多行道樹的樹幹下方常被刷成白色，遠遠望去，既醒目又美觀，有很多人認為這是為了市容整潔及為了提醒開車的人注意安全而塗上白漆；事實上，這並不是最主要的目的，同時這也不是塗上白漆。

最主要的目的是為了防蟲蛀食及防止天牛的雌蟲在樹幹上產卵。一般，害蟲都較喜歡棲息在暗色的樹幹上，而天牛通常喜歡在距地面約一公尺左右附近產卵；所以，如在這些地方塗上含石灰乳成分的白色物質，不但能防蟲蛀食，也可減少其他害蟲棲息及天牛雌蟲的產卵；天牛的卵在孵化後會鑽進樹幹中蛀食為害。

除此，暗色的樹幹一受陽光照射，會吸收大量的熱量，樹幹上的溫度會上升；可是，入夜之後，溫度降低，樹幹上的溫度也會驟降。如此，溫度變化太大時會使樹幹產生凍裂的現象；如塗成白色，會使凍裂的現象減輕。

由此可知，把行道樹的下方塗成白色，除了可防蟲之外，還可減少樹幹凍裂現象。另外，標幟鮮明，既美觀又可提醒開車的朋友注意安全，真是一舉數得。

至於石灰乳的調製，通常是在一百公升的水中加入二十至四十公斤的生石灰；但也有人在其中又加入硫酸銅或其他殺蟲劑。沒想到樹幹塗成白色還這麼有「學問」吧！

? 台灣的自然林有哪些？人工林有哪些？

問：台灣的自然林有哪些呢？人工林以哪一種樹種為主？還有阿里山的神木是哪一種樹種？

答：台灣自然林的樹種，以鐵杉、冷杉和雲杉三種樹種為主，大多分佈在兩千五百公尺以上的高山；而人工林則大多栽種柳杉為主；最有名的是溪頭的柳杉人工林。至於阿里山神木的樹種，則是紅檜，是台灣珍貴的林木。

? 台灣可有瀕臨絕種的植物？

問：常聽到瀕臨絕種的動物，台灣也有瀕臨絕種的植物嗎？

答：由於土地的開發、濫捕、污染及農藥的大量使用等等原因，許多動物正面臨絕種之虞。而在植物中，是不是有此現象發生？有的，在台灣也不例外。像士林的士林拂尾草、澄清湖的大茨藻、嘉義的白睡蓮、日月潭的線葉藻、高雄的細蕊紅樹、角板山的流疏樹……等，全都是寶島瀕臨絕種的植物。所以，即使在野外，你如認不得植物的名字，也不曉得它們多不多，還是任它生長，千萬別亂摘亂折。

? 植物會不會睡眠、運動？

問：動物會做運動、睡眠；那麼植物呢？會不會運動、睡眠呢？

答：動物會運動、睡眠，植物也會運動、睡眠；像單胞藻，能在水中自由游動；而許多長有鞭毛的細菌，也能自由運動。還

有，含羞草的葉，如稍受觸動，也會產生觸發運動，葉片及部分的莖會垂下，十分可愛！至於睡眠運動，在豆科植物中最為常見，例如含羞草；還有像如酢漿草葉、牽牛花的花及蒲公英的花，都相當的明顯，每當旭日漸升時，它們紛紛展開葉子，欣欣向榮；但當太陽快要下山時，它們又紛紛把葉子收攏起來，好像沉睡一般。你何不自行觀察看看？

❓ 植物會不會上「大號」？

問：植物會不會上「大號」呢？

答：你問的問題雖然不怎麼「衛生」，但是有趣極了！植物究竟會不會如動物一樣上「大號」呢？這一個答案是否定的；不過，儘管它們沒有排遺的作用，但是在排出氣體廢物——進行呼吸作用，倒是和動物一樣；也就是說它們也能利用氧氣，排出二氧化碳；還有，當它們體內的醣類進行氧化作用分解時，也會釋出二氧化碳。不過，在白天它們葉中的葉綠素倒是能吸收光能，把二氧化碳和水製造成體內所需的葡萄糖，並放出氧氣供人類呼吸。

體內所需的葡萄糖，並放出氧氣供人類呼吸。

❓ 植物受傷時會不會痛？

 問：植物受傷的時候，如亂剝樹皮，植物會不會痛？

 答：動物受傷之所以會感到疼痛是神經的感覺作用，然而植物體上，並無神經系統，所以受傷時應不會感到疼痛。可是近幾年來，有些植物學家常藉各種精密的電子儀器測定植物受傷前後之變化，竟然發現它們「似乎」有感覺作用，這的確人稱奇！不過這種現象，目前仍止於研究階段，它們是否在受傷時會感到疼痛，現在下結論，似乎早些；但如以目前知識範圍內得知，它們受傷，應不會感到疼痛。不過，亂剝樹皮會破壞植物的輸導作用，影響它們的生長和發育，是一種不好的行為，應予以勸止，否則樹木死了，不是很可惜嗎？

❓ 蔬菜非種在土裡不可？

問：蔬菜是不是一定要種在土裡才能長大？

答：在一般人的眼中，總以為蔬菜非種在土裡不可；其實，現在由於科學家們的努力，只要水分、空氣及養分足夠，倒不一定要種在土中。如果我們能把蔬菜所需的養分加以適當的調配，在水裡我們也照樣能種出蔬菜；這種方法也就是農業上所說的「水耕法」。在台灣，我們已能利用這種有趣的栽培方式，成功地種出好多種作物——例如番茄、水稻、青椒……等等，並「騙」它們結出果實呢！是不是很有趣？

❓ 為什麼種子在濕棉花上也能生長？

問：在課本裡我們常念會到種子要種在泥土裡才會生長，那為什麼種在濕棉花上也會生長呢？

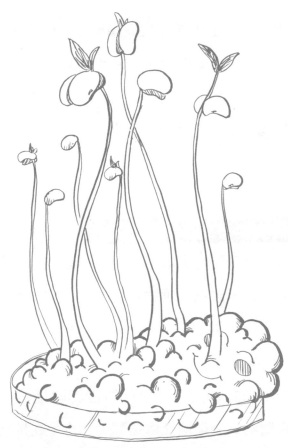

答：種子之所以能在濕棉花上萌芽，並不是棉花的緣故，而是濕棉花上含有水分；這時候，只要溫度適宜，它們便能萌芽，但是幼苗長成之後，必須移種土中，因為子葉內所含的養分已不足它們的需求。

❓ 植物上的毛有何功用？

問：最近我常去爬山，發現一些植物的葉片上長有許多毛，甚至連果實
　　都有；這些毛有什麼功用呢？是不是每一種植物的莖和葉都有
　　這種毛？

答：許多植物，尤其是生活在較乾燥地區的植物，體上往往具有細毛或
　　刺，可防止水分散失，同時也能防止許多昆蟲的攝食危害；但
　　是並不是所有的植物都具有這種毛，因為不具毛的植物，它們
表面上通常具有蠟質，這也可防止水分散失。

❓ 植物能寄生在動物體上？

問：植物能寄生在動物體上嗎？還有，動物能寄生在植物體上？

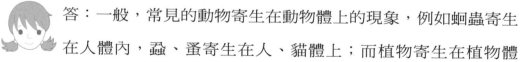

答：一般，常見的動物寄生在動物體上的現象，例如蛔蟲寄生
　　在人體內，蝨、蚤寄生在人、貓體上；而植物寄生在植物體
　　上，例如許多真菌會寄生在植物體上為害。其實，有些植物也
　　能寄生在動物體上；例如香港腳就是一種寄生在人腳上的黴
菌。而許多蟲癭，就是造癭昆蟲這類動物寄生在植物體上的實例。

動物體上；例如香港腳就是一種寄生在人腳上的黴菌。而許多蟲癭，就是造癭昆蟲這類動物寄生在植物體上的實例。

? 植物是不是有血型？

 問：動物有血型，植物是不是也有血型？

 答：動物有血型，植物是不是也有？這的確是引人興趣的問題。首先，我們先談談植物的「血液」；其實，如嚴格來說，植物並沒有血液，而是它們的抽取物。科學家把含抗原的植物抽取物注進動物的血液中發現，動物血液有產生抗體的現象。如果把這種抗體再加入植物的抽取物中，會發生沉澱作用。可見，植物的「血液」也是有「血型」的。以雙子葉植物來說，「血型」有O、A、B及AB之分，可是單子葉植物、蕈類，卻只有O型。

? 草為什麼能再生？

問：在一陣大火或乾旱之後，或是被動物啃食以後，草仍能再生，這是什麼原因呢？

答：大火、乾旱或者是動物的啃食，可能會使一大片綠油油的青草化為光禿禿的，或枯黃；但是，由於它們的根系仍埋藏土中，只要溫、濕度適合，那麼在陽光的照射下，它們仍能再度萌芽而重見天日；其實，也有很多野草的種子會隨風飄落在這一片土地上，繼續繁茂、滋長。

? 有吃昆蟲的植物嗎？

問：我們常見到昆蟲以植物為食物，可是也有捕食昆蟲的植物，可舉出兩個例子說明嗎？

答：昆蟲會在植物上攝食，已是眾所周知的事實；但耐人尋味的是，在植物中也有些種類竟然也能捕食昆蟲；像毛氈苔、捕蠅草、豬籠草及瓶子草等，都是捕蟲的高手。

細毛；當小型昆蟲例如螞蟻，爬到它們的葉上時，往往會被黏住而進退維谷；不久，葉片徐徐合起，蟲體慢慢地會被它們所分泌的消化液分解。

而除了小毛氈苔外，在販賣花木的園藝店中也常可看到一種有瓶狀結構的豬籠草；這種小灌木的瓶狀部分，就是它們的捕蟲器。在這些瓶口邊緣，具有能分泌甜汁的蜜腺，而瓶內上方，由於具有蠟腺，內壁平滑，所以，每當貪食甜汁的小蟲飛上瓶口舔食時，冷不防滑入瓶中，牠們也就爬不出來了，最後，當然也被豬籠草所分泌的消化液消化掉了。

❓ 壁虎會不會被捕蠅草、豬籠草吃掉？

問：如果壁虎之類的小動物接觸到捕蠅草、豬籠草，會不會被它們吃掉？

答：這的確是一個很有創意的問題；我們都知道蠅、蜂、蟻等昆蟲一旦被捕蠅草、豬籠草粘捕，牠們往往難得脫身，最後也是會被消化掉；可是壁虎之類的動物呢？會怎麼樣？其實，這些動物如果被粘捕而無法脫身，最後也是會被消化掉。只是牠們個體較

果被粘捕而無法脫身，最後也是會被消化掉。只是牠們個體較大，被分解、消化掉的速度較慢罷了！對啦，如發現捕蠅草、豬籠草，不妨買棵試試；不過，先得告訴你，經人類栽培的捕蠅草、豬籠草，捕蟲的能力較弱，必得耐心觀察。

? 食蟲植物會不會行光合作用？

 問：食蟲植物除了會吃昆蟲之外，會不會行光合作用呢？

 答：食蟲植物，也就是會吃昆蟲的植物，其中最為大家所熟知的，例如捕蠅草、毛氈苔、豬籠草……等等；這類植物，除了會捕食昆蟲之外，由於它們也含有葉綠素，因此同樣能進行光合作用，製造養分。毛氈苔在台灣的野外，不難尋獲，至於捕蠅草、豬籠草，小朋友們不妨到花店、花市找找，有興趣的話可買回家種種，並觀察它們捕蟲的過程。

❓ 葉綠素有什麼用？

問：上自然課時老師說：「植物要有葉綠素才能行光合作用」，葉綠素的作用是什麼？

答：葉綠素是存在葉子海綿組織及柵狀組織中的小體；這些小體能從光線中吸收能量，使吸進的光能把細胞吸入的水分解成氫和氧。氫再和二氧化碳結合，形成葡萄糖，而水分子分解而得到的氧氣會經植物的氣孔回歸大氣之中。所以，在整個光合作用中，葉綠素所扮演的角色是從光線中獲取光能，以促使光合作用順利進行。

❓ 植物的葉子都是綠色的？

問：是不是所有植物的葉子都是綠色的？如果有別的顏色，那麼其中是不是也會有葉綠素？

答：多觀察看看！是不是有很多植物的葉子不是綠色的？就觀察花木來說吧！像變葉木、彩葉芋、洋莧、鐵莧、秋海棠、鴨跖草……，它們的葉子有的不呈綠色，有的只有部分是綠色的。不過，

這些植物的葉內，仍然含有葉綠素，也能進行光合作用，以製造所需的養分。

❓ 綠色的莖能不能行光合作用？

問：如果把植物的綠莖剪下插在有水的瓶中，那麼它們在有光的條件下能不能進行光合作用？

答：植物的綠莖中含有葉綠素；而光合作用的條件除了光照之外，必須有葉綠素、水及二氧化碳。因此，如把剪下的綠莖放在有水的瓶中，莖如果仍能吸水的話，那麼它便能利用水和空氣中的二氧化碳進行光合作用。可是，如果綠莖無法吸水，那麼也就無法進行光合作用了。這也是有些植物剪下放瓶中後不久就枯萎的原因之一。

一半遮光的樹會不會進行光合作用？

 問：假如把一棵樹的一半罩在黑暗中，另一半仍暴露光線下，那麼它們會進行光合作用嗎？

答：光合作用是綠色植物的葉綠素吸收光能，促使吸入植物體內的二氧化碳和水中的氫原子結合，而產生醣類，並放出氧氣的生化反應。把一棵樹一半遮蔽，由於植物體的葉綠體依然能吸收光能，所以還是會進行光合作用，繼續成長。其實，你何不動手做做這個自己「想」出來的小實驗呢？

 番石榴的果實可進行光合作用？

 問：我們都知道，綠色植物都能進行光合作用，那麼番石榴的果實，表皮也是綠色的，能進行光合作用嗎？

答：進行光合作用的要素是光能、葉綠素、水及二氧化碳；番石榴的果實是綠色的，含有大量的葉綠素，只要它能利用根吸收上來的水和空氣中的二氧化碳，那麼在陽光下，也就能進行光合作

用，然而，當它們被採下時，由於水分的輸送已被截斷，往往無法進行這種作用了。

？ 為何心葉常帶紅褐色？為何許多樹葉一入秋冬就會變黃？

問：我喜歡觀察植物，我發現龍眼或芒果萌芽的時候，樹上的心葉總會帶一點紅褐色，是什麼原因？為何許多樹葉子一入秋冬就會變黃？

答：綠色植物之所以呈現綠意，是因為葉中含有葉綠素的關係；而葉綠素是植物進行光合作用合成養分所不可缺少的。然而，葉綠素並不是葉子與生俱來的，而是經許多元素合成的；當植物萌發新芽時，如果葉綠素還沒形成，那麼在嫩芽、心葉展開時，葉中所含的紅色素、花青素會呈現出來，因此嫩芽、心葉也就會帶紅褐色了。等到葉綠素形成，同時數量多時，葉子才會由紅轉綠，呈現一片綠油油的顏色。其實，不僅龍眼、芒果的葉子如此，許多植物也都有這種現象。

至於入秋之後，葉子全黃化；主要原因是氣溫降低，使植物的葉柄出現離層，這時候水分漸漸不能輸送葉內；不久，由於水分不足，葉綠素會

漸漸破壞，於是蘊藏葉中的黃色素、葉黃素會呈現出來，使葉子變成黃黃的。而如果葉內的花青素、紅色素含量多，那麼葉子也就變紅了；所以楓葉紅紅的原因也就在此。

❓ 水生的植物為什麼不會淹死？

 問：平常澆花的時候，媽媽總是吩咐我別澆太多的水，否則植物會淹死；我覺得奇怪，為什麼生長在水底的植物卻不會淹死？

 答：那是因為它們已經適應水中的生活，細胞能調節體內水分的進入，維持一定量的水分；因此在水裡它們不會淹死。但陸地植物則不然，如果浸水太久，也可能「淹」死。

為什麼裝菜的塑膠袋中會有水蒸氣？

 問：媽媽買菜回來，我發現裝菜的塑膠袋霧霧的，好像有水滴，為什麼？

答：你可觀察得真仔細，值得嘉勉！蔬菜收成之後，由於還沒死亡，因此呼吸作用等代謝現象仍舊進行。這時候，如把它們放進塑膠袋中，由於呼吸之氧化作用，會產生二氧化碳和水，因此會把蒸氣附著在塑膠袋的內壁。而小販如果在菜葉上澆水，這些水在塑膠袋內蒸發，更會加重這種現象。

 為何蒸過的青菜會變黃？

 問：吃飯時，爸爸指著桌上變黃的菜說：「這如果不是煮太久，就是蒸過的。」可真是如此？為什麼？應該如何防止？

答：曾帶過便當蒸飯的人一定會發現，便當中的綠色蔬菜一旦被蒸過，往往會變得黃黃的，令人失去食慾；這究竟是什麼原因呢？原來，綠葉中含有大量的葉綠素，這些綠葉在高溫下經煮、蒸太

久，必定會被分解，於是失去綠色而呈現黃色。

　　經過煮、蒸炒的實驗發現，不論是利用大火或小火蒸、煮，綠色蔬菜在三至五分鐘後全都變黃、變爛；可是，如果以大火快煮、快炒，在兩、三分鐘內蔬菜仍能保存原色，而且嚼起來也脆脆的，還有，如放多一點兒油或醋，也可減緩變黃的現象。由於蒸、煮太久會使菜中的養分損失，因此蔬菜——尤其是綠色的蔬菜不宜蒸、煮太久，最好的方法還是快火熱炒，在一至三分鐘內完成，既可口清脆，也不會使營養散失。

❓ 經動物糞便排出的種子能不能發芽？

 問：許多水果的種子，經吃下而排出後，是不是能再發芽？

答：水果的種子，例如番石榴、番茄、西瓜、香瓜……等，如被動物吃下之後沒被嚼碎，那麼經糞便排出之後，依然能萌芽生長。其實，在自然界中，有很多動物就是藉此方法為植物繁衍下一代呢！這類動物除了人之外，包括鳥類、鼠類，甚至昆蟲有都可能為植物傳播種子。

❓ 西瓜籽吞進肚中會發芽？

 問：吃西瓜把瓜籽不慎吞進肚中，它們會不會發芽、生長？

答：這是許多小朋友常「煩惱」的問題之一；其實，不管是西瓜籽也好，其他的種子例如紅豆、綠豆也好，被吞進肚中之後，由於胃腸內溫度太高不適宜它們發芽，胃腸中也有消化液抑制，同時它們在肚中停留的時間也短，不可能在胃腸中發芽或生長；別擔心吧！因為，隔一、兩天，這些籽都會隨糞便排出體外的，然而，這些種子如在咀嚼或消化過程中未被破壞，排泄出人體外之後，依然有可能萌芽、生長。

❓ 為什麼果實成熟了之後會掉落地面？

問：為什麼果實一成熟以後，就會掉落到地面上呢？

答：在水果還沒有成熟之前，果實和樹之間有果柄連著，而果柄上，有纖維素，能縛住果實。可是，在果實成熟時，果柄的細胞衰退，養分也不夠，於是果實和果柄之間會形成「離層」，把果實和樹間的養分、水分通路切斷；這時候，只要風稍大，或樹被觸動，這些成熟的果實便紛紛掉落到地面上了。你明白了嗎？最好能仔細觀察成熟水果和生澀的果實作比較。

❓ 為什麼有些水果沒種子？

問：為什麼有些水果沒有種子呢？

答：水果如果食用的部位是果肉部分的話，如能越多果肉，種子越少或越小，品質也就越好；所以，育種學家為了達到這個

目標，也就利用育種的方法，培育出種子少的品種。這樣，不但食用的部分會多，人們在吃的時候，也可避免剔除種子的麻煩。而在寶島常見的水果中，有很多品種就是這樣，如不是種子小，就是果中無種子：想想看，哪些水果有這種特點？

❓ 為什麼兩個水果長在一起總有一個比較小？

問：我吃荔枝、龍眼時，常會發現兩個長在一起的，總有一個較小或不發育，為什麼？

答：我們都知道，水果發育所需的養分，是由根、莖輸送上來的，如果有兩個水果長在一塊兒，那麼先結果的往往能獲得較多的養分，而發育良好，但是後結果的也就得不到足夠的養分，不能發育或果實變小。因此，有經驗的農人為了獲得品質好的水果，常常把發育較差的果實摘除，讓大的果實能長得更好。

❓ 可有會產石油的植物？

問：現在石油日漸短缺，我聽說有些植物也能提煉石油，您能告訴我哪些植物嗎？台灣可有？

答：石油是目前最重要的能源，也是工業的原動力；可是由於消耗量大，終有用完的一天。因此，各國無不尋找新的能源，像石油植物就是其中一例；而由化學家及植物學家的努力，目前已發現兩種最具有提煉價值的石油植物，那就是石油木（蘿摩科）及綠珊瑚。前者已引進台灣種植，但仍不普遍；而後者已遍佈全島，同時還被當成觀賞植物栽培呢！

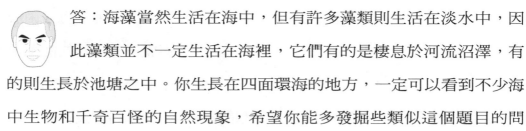

？ 藻類都生長於海中嗎？

問：夏天我們常到海邊游泳，往往可以看到許多海藻；藻類是不是一定生長在海裡呢？

答：海藻當然生活在海中，但有許多藻類則生活在淡水中，因此藻類並不一定生活在海裡，它們有的是棲息於河流沼澤，有的則生長於池塘之中。你生長在四面環海的地方，一定可以看到不少海中生物和千奇百怪的自然現象，希望你能多發掘些類似這個題目的問題，並徹底觀察思索，相信不久你必可成為一個傑出的生物學家。

? 為什麼有些花有香味有些沒有？

問：為什麼有些花有香味，而有些花卻沒有呢？

答：花的香味，最主要是誘引昆蟲前來，然後協助它們傳播花粉；因此俗稱的蟲媒花——例如桃、李等，通常都具有或淡或濃的香味，以吸引蟲兒前來。不過，有些花兒，例如稻、麥、松等，雖然沒有香味，但它們卻具有氣囊，能隨風飄散，把花粉散播到其他花兒的柱頭上；這類花也就是俗稱的風媒花。

? 可有沒葉子的植物？

問：一般的植物似乎都有葉子，可有沒有葉子的植物？

答：這個問題相當「特殊」，可是範圍似乎大了一點兒；因為真菌類 ── 木耳、菇類及細菌等低等植物都沒有葉子呀！不過，你想知道的可能是高等植物吧！答案是「有的」。像菟絲子、無根

藤、野菰、仙人掌等，葉全部退化，幾乎都看不出葉子的徵狀了！這些植物在寶島都能看到，你不妨找本書對照瞧瞧。除此，在蘇門答臘（印尼）有一種名叫「大花草」；在非洲，有一種叫「墨水草」的植物，它們也都是沒有葉子的植物。

❓ 有不開花的植物？

 問：常見的植物都會開花，可有不會開花的植物？

答：會開花的植物，幾佔植物一半以上的種類，它們的花有的是直接顯現出來的，叫顯花植物，可是有些卻是隱花的——例如冷杉、松、柏、蘇鐵等毬果類。然而，在植物中，也有不開花的種類，這些植物，例如苔類、蘚類、蕨類、藻類、真菌、細菌……等。對啦，周遭中有哪些植物是屬於這一類，何不認識一下？

花的香味對花有什麼好處？

 問：花的香味對花有什麼好處？這些香味是從哪兒散發出來的？

答：在自然界中，花的香味常能吸引媒介昆蟲採蜜擷粉，而這時候便能協助花兒完成授粉的任務。至於在室內，花的香味則常令人心曠神怡，有怡情養性的作用。而這些香味的來源是來自花中的油細胞；當太陽照射時，花的油細胞會陸續分泌出香味。不過，有些花在進行代謝反應時，也會產生芳香的產物而溢發香味。

 南、北極可有植物？

 問：在寒冷的南、北兩極，可有植物生活著？

答：南、北極是一寒冷的地帶，大部分地區幾乎終年為冰雪所覆蓋，很多人以為在此環境下必無植物生長，其實不然。根據科學家調查發現，在南極內陸曾發現過被冰凍的真菌、細菌及花粉粒；

而在短暫的夏天，地面上也長有許多地衣和苔蘚；另外，也發現過三種淺根性草本顯花植物、苔蘚、地衣，甚至還有許多矮灌木及數達九百餘種的花卉呢！可見，植物的分佈也是無遠弗屆的。

❓ 樹幹上一片片青綠色的東西是什麼？

問：我和家人去森林浴發現樹幹上常附有一片片青綠色的東西，那是什麼呢？

答：在許多樹幹上，我們常可看到一片片青綠色的東西，既不像植物的葉子，也不像樹皮，這究竟是什麼呢？原來這也是一種植物，它們被稱為地衣，經常附生在植物體上。其實，地衣的形狀有的呈殼狀，有的呈絲狀，好像樹幹長滿了鬍子一般呢！

❓ 什麼叫做森林浴？

 問：現在流行森林浴；楊老師，什麼叫做森林浴呢？

 答：森林中的許多植物，例如松樹及杉樹的葉子，會散發出一種揮發性的化學物質──芬多精；這種帶芳香味的物質不但能殺菌，還有治病的功效。所以，有些人便提倡所謂的「森林浴」，鼓勵大家在森林中健行，既能享受芬多精的功效，也能運動、健身，還可聯絡人和人之間的情誼，是一種相當「健康」的戶外休閒活動。

❓ 為什麼澆花要在清晨和日落時分呢？

問：為什麼澆花要在清晨和日落時分呢？

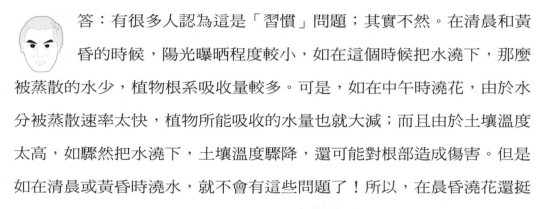

答：有很多人認為這是「習慣」問題；其實不然。在清晨和黃昏的時候，陽光曝曬程度較小，如在這個時候把水澆下，那麼被蒸散的水少，植物根系吸收量較多。可是，如在中午時澆花，由於水分被蒸散速率太快，植物所能吸收的水量也就大減；而且由於土壤溫度太高，如驟然把水澆下，土壤溫度驟降，還可能對根部造成傷害。但是如在清晨或黃昏時澆水，就不會有這些問題了！所以，在晨昏澆花還挺「科學」的呢！

蛋殼放花盆中有什麼好處？

 問：為什麼媽媽把蛋煮熟後，總把蛋殼放在花盆中？

答：把蛋殼放進花盆中不但極為普遍，也是許多花農常做的；為什麼呢？只為了美觀？當然不是！我們都知道，蛋殼中含有鈣等礦物質，這些礦物質都可當做植物及花木的肥料而被植物、花木所吸收。所以，這也是一種廢物利用的方式。

怎樣區別椰子樹和檳榔樹？

 問：椰子樹和檳榔樹怎麼區別呢？它們是同一種植物嗎？

答：椰子樹和檳榔樹由於外觀上極為相像，因此常被誤為同一種，其實不然，它們是完全不同的種類。

不過，儘管這兩種植物長得很像，但要分別它們並不難；最主要的區別是檳榔樹的莖有明顯的節，而椰子沒有，同時檳榔莖比較細瘦。至

於果實，椰子果實碩大無比，內有很多水分，而檳榔果實小巧玲瓏，很容易看出。

? 蕨類地下部分的小圓球是什麼？

問：前幾天爸爸帶我們到海邊玩，一路上我和哥哥採集植物標本；發現蕨類的地下部分有很多小圓球，那是什麼？還有，它葉背上的圓粒狀物又是什麼？

答：蕨類是一種常見的植物，在台灣，幾乎到處都可以看得到；這種植物的葉背上的圓球狀東西是它們的孢子囊群，每一個孢子囊群中有很多細小孢子。而它們地下部分的小圓球，是蕨類的塊根，也就是根部的膨大部分。如果其他小朋友沒注意到，也不妨仔細觀察一下。

❓ 鐵線蕨是什麼樣的植物？

問：請問鐵線蕨是屬於什麼科？產地及用途如何呢？

答：鐵線蕨是一種生長在水溝側方或潮濕牆縫、石縫的蕨類植物，由於葉柄黑如鐵絲而得名。這植物，屬於鐵線蕨科，又名鐵線草、石中珠，在台灣各地都十分常見。由於外形優雅，常被當成觀賞植物，所以在盆景店、花店、花市，常能見到。而在中藥上，它們常被作為利尿劑或解熱劑；也有人把它們的葉片搗碎治療蛇傷、皮膚病。

❓ 金狗毛可止血？

問：有一次我上關子嶺玩，買了一「隻」金狗毛，據說它能止血，真的嗎？還有，它是什麼植物呢？

答：金狗毛，這是台灣山中常見的蕨類植物之一；在民間有很多人相信它的毛能止血。就我所知，如果有小的傷口，這種植物的毛確有止血作用，但大一點兒的傷口，也就無濟於事了！事實上，

小的傷口，只要用棉花堵住，依然有止血作用，並不一定要用金狗毛。再說，它們是野生的植物，毛上難免沾有穢物，如果用不潔的金狗毛堵住傷口，還可能因而發炎呢！因此，我還是建議你最好還是利用乾淨的棉花止血，再用優碘或雙氧水清洗傷口，並敷些藥，如果傷口大，那麼得儘快看醫生。

❓ 竹子末端為何向南彎？

問：我觀察竹子時發現，竹子末端總有向南彎，為什麼？

答：竹子的末端有所謂的生長點，在這兒有許多植物生長激素分佈，這些物質能使細胞伸長或縮短；朝太陽的細胞會縮短，而背向太陽的一邊會伸長，因此造成朝向一邊彎曲的現象，所以，竹子之所以向南彎，是陽光的位置是在南方，而不是因為方位的關係。

❓ 粽葉是什麼植物的葉子？

問：粽子是一年一度的應景食物，一般包粽子用的粽葉是什麼植物的葉子？

答：粽葉就是竹子的葉子晒乾而成的；這種竹子，葉子比較大，也就是桂竹的葉子。不過在台灣有些地方會用月桃的葉子來包粽子。

❓ 萬年青要不要換水？

問：我家浸在水中的萬年青是否可以換水？我真怕如不換水，它們可能會枯死？

答：萬年青的生命力，相當旺盛，如果能稍施點兒肥，必會長得更好，而供在瓶裡養，當然可以換水啦！但如發現葉子有些枯黃，最好能晒太陽或移植到陽光充足的花盆或花園裡。不過，由於萬年青的水盤長會引來蚊子產卵，如不加蓋或常換水，反而會成為蚊蟲繁殖的地方。

為什麼萬年青插在水裡不會枯萎、腐爛？

 問：花插在花瓶裡，不久便會枯萎、腐爛，可是萬年青卻不會，為什麼呢？

答：這種有趣的現象，其他小朋友可曾注意到？知道這個原因嗎？一般，花插在花瓶裡不久之所以會枯萎、腐爛，而萬年青卻不會，那是因為花梗被切下之後，受傷的部位無法癒合而引起細菌的感染，因此不久便潰爛、枯萎了。而萬年青因為癒合得快，同時還會長出不定根，能繼續存活、茁壯，因此不會枯萎或腐爛。

 薄荷會開花嗎？

 問：薄荷會不會開花？這是什麼植物？台灣有嗎？

答：薄荷是一種顯花植物；不但會開花，也會結種呢！這種植物在分類上屬於唇形科；在台灣的中、南部，常有農民種植；是提煉薄荷油的原料。

❓ 為什麼沾到稻穀就會覺得癢癢的？

 問：每當收穫季節，身體只要沾到稻穀，就會覺得癢癢紅紅的，是不是稻穀中含有什麼物質會令我們的皮膚產生過敏反應？

 答：並不是稻穀內含有什麼過敏物質；而是稻殼上有許多短芒，會把人們的皮膚割傷，加上一些灰塵沾在傷口上，一搔癢，便會紅紅癢癢的。

❓ 在收割水稻之後，總要把穀粒晒乾才放進倉庫？

 問：水稻是我國最主要的糧食作物，為什麼農民在收割水稻之後，總要把穀粒晒乾才放進倉庫？如不晒乾而儲藏，會怎麼樣呢？

 答：水稻經晒乾而碾製之後，就是米飯的來源；而在水稻成熟時，穀類內所含的水分仍然很多。這個時候如不晒乾而儲存起來，有些穀粒可能會發芽而失去食用價值；同時，堆積在一起時，由於

穀粒本身會進行代謝作用而發熱，發熱不但會使它們發芽受阻，有些穀粒也會腐爛，甚至誘發病、蟲害的發生。

因此，農民們在收割之後，一定要藉日光曝晒或烘乾機把稻穀晒乾、烘乾；如此，不但可使穀粒的代謝作用減緩，甚至可使穀粒進入休眠狀態。這樣，它們也就能在倉庫中儲存了。

同時，如此一來，假如我們需要，可隨時取出碾製或播種，十分方便！何況，倉庫或穀粒的濕度維持很低，也可減少病蟲害的侵襲呢！

❓ 為什麼洗米水是白色的？

 問：在洗米時常發現水會變成白色，為什麼？

 答：米是稻穀去殼去皮的產物；我們知道穀物含有很多的澱粉，當米碾出之後，由於部分澱粉會剝落，加上米粒之間彼此摩擦，也有部分粉屑掉落下來。所以，在洗米時，這些粉屑遇水便會形成白色。由於洗米時胚芽很容易脫落，所以在洗米時不能太大力，否則胚芽會隨洗米水流失，十分可惜。

❓ 把一部分的心葉摘掉，可以使果實長得更好？

問：在絲瓜開花的時候，奶奶把一部分蔓的心葉摘掉，據説這樣可以使果實長得更好，果真如此嗎？為什麼呢？

答：絲瓜，也就是俗稱的「菜瓜」，是一種可口的蔬菜；在它們開花時，葉和蔓會長得相當繁茂。然而，由於種植絲瓜的目的是採果實，如果葉、蔓過於繁茂，在葉呈枯黃時，根部所吸收的養分會集中到葉、蔓上消耗掉；相對的，供給到花的養分便會減少。而且如果葉、蔓過於繁盛，雌花產生的情形也會減少，同時也更容易誘發病蟲。因此，有經驗的「老農」便會進行摘心，或把多餘的葉、蔓剪掉。而如果果實結得太多，甚至會進行疏果，這樣在充足的肥料、陽光和水的滋潤下，絲瓜所結出的果實便會更加肥大，品質和產量也就會提高了！

其實，除了絲瓜之外，農人在栽種其他瓜類及番茄時，也常作摘心處理，目的和絲瓜摘心的作用一樣。

❓ 絲瓜為什麼會變成菜瓜布？

 問：為什麼絲瓜太老了，就會變成菜瓜布呢？

答：絲瓜是一種常見的瓜類蔬菜，鮮嫩的時候煮著吃或炒著吃都相當可口；可是，如果成熟以後，由於瓜肉中有很多纖維會隨著老化，根本無法入口；因此，農民們通常把它晒乾，然後把外皮剝掉，並取下種子，供作洗濯用的刷子，這也就是主婦們喜愛的菜瓜布。

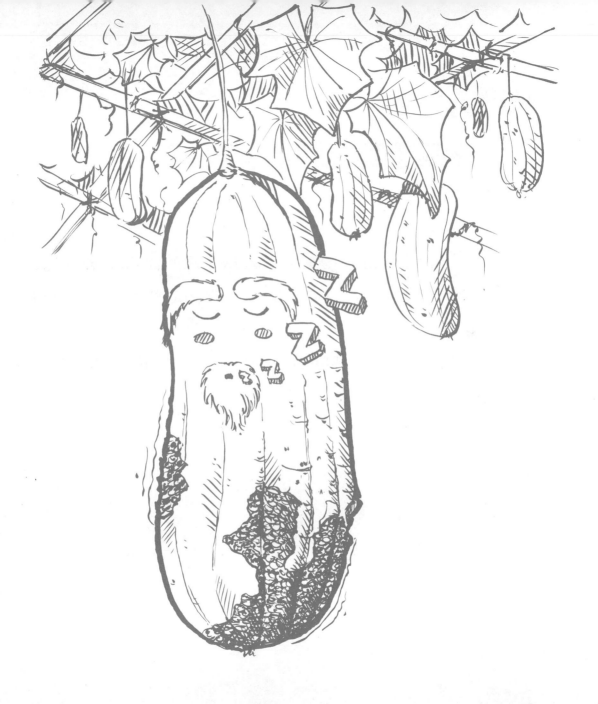

❓ 蘿蔔等主要食用部分是根還是莖？

問：下列這幾種植物，我們吃它們的什麼部分？植物名稱：蘿蔔、芋頭、甘薯、馬鈴薯及大頭菜。還有，浮萍有沒有莖？

答：蘿蔔、芋頭、甘薯、馬鈴薯及大頭菜都是我們經常吃得到的植物；蘿蔔食用的部分是球根，芋頭是塊莖，甘薯是塊根，馬鈴薯是莖部，而大頭菜是根的部分。

至於浮萍，它們的莖和葉合為一體，稱為葉狀體，在葉狀體下有根。這種植物的生殖方式可分有性及無性兩種，但以無性繁殖為主。

楊桃種子外的黏膜是什麼？

 問：每當我吃楊桃時，總發現楊桃種子外有一團白色的黏膜，這是什麼呢？有何功用？

答：楊桃種子外面，包裹著一層白色的黏膜，那是種子的種衣，具有保護種子的功用。像這種種衣，也可在許多植物的果實中發現，所以小朋友們以後在吃水果或觀察植物果實或種子時，不妨稍加注意。

 ## 花生不剝殼能萌芽嗎？

 問：為什麼種植花生前須先剝殼呢？是不是如不剝殼，花生就不會萌芽？

答：種花生前須先剝殼是為了使花生能順利萌芽，早些在土裡萌發茁壯；而如不剝殼，雖然花生也能破殼而出，可是就沒有剝殼花生那麼順利，而需要較長的時間才能萌芽。所以，在種植之前，農友們總是先把花生殼剝掉，再以種子種植。

? 剝花生為什麼會冒煙？

問：前幾天我剝花生時發現每剝一次殼，花生就會冒煙，為什麼？

答：花生是在土中結果的，當它們被採收之後貯藏前必得晒乾；可是，再怎麼晒，還是無法除掉附著殼上的泥土。所以，在剝殼時，由於殼會爆裂，附著在上面的泥土便會飛揚起來，好像「冒煙」一般。所以，你所說的「冒煙」，其實是附著花生殼上的塵土，既不是水蒸氣那種「煙」，也不是燃燒而起的煙。

? 為什麼仙人掌的表皮硬硬厚厚的呢？

問：仙人掌的皮為什麼硬硬厚厚的呢？它們的刺有何功用？

答：仙人掌在自然界中是生活在較乾燥的地區，為了防止水分散失表皮乃變得硬硬厚厚的；而它們的刺除了防水分蒸散外，防止其他動物的嚼食或踐踏。

? 木瓜樹為何只開花不結果？

問：我家種的兩棵木瓜樹最近開花了，可是奇怪的是，這二棵木瓜樹的花梗特別長，而且一點兒也沒有結果的跡象，這究竟是什麼原因呢？

答：我們都知道，木瓜是寶島最為常見的果樹之一，不過，它們並不是台灣產的，而是一種「舶來品」——來自美洲熱帶地區。這種果樹的樹型可分成三種型式：雌株、雄株和雌雄同株；雌株長成以後會開短梗的雌花，而雄株只能開長梗的花；至於雌雄同株，便能開雌花及雄花。在顯花植物繁殖的時候，通常需要雌、雄花互相交配才能結果，也就是說雄花的花粉能傳播到雌蕊上才能結出果實。同時，我們得知，雄株只能授粉，是無法結出果實的；而你家所種的木瓜是開長花梗的花，是雄株，所以也就無法結出甜美可口的木瓜果實啦！

甘蔗有沒有種子？

 問：甘蔗有沒有種子呢？它們是怎麼繁殖呢？

答：有很多人由於沒看過甘蔗開花，所以一直以為這種作物不開花、不結果；其實不然，在台灣中、南部，每年一至三月總可看到甘蔗開花的鏡頭；而在開完花後，便能發現它們細小無比的種子。不過，由於甘蔗的種子發芽率低，同時長大時發育時間太長，一般除了育種之外，都不用種子繁殖，而利用甘蔗莖節間的芽來扦插，繼續繁殖。

為什麼甘蔗的下段比較甜？

 問：為什麼甘蔗下段有根的部分會比上段的部分甜？而小甘蔗卻上、下部分都不甜，為什麼？

 答：甘蔗製造養分的方法是根部吸收水分和養分，然後利用葉部進行光合作用；而所製造出來的物質是醣類，這些醣類除了

可以供給它們本身的消耗之外，剩餘的醣類會往根部及莖的部分輸送，以貯藏起來，所以越接近下部，嘗起來就覺得越甜。至於小甘蔗的上、下部分都沒什麼甜味，那是因為它們正生長之中，所製造出來的醣類全都供應生長而消耗掉了，貯存下部的醣類相當有限的緣故。

? 為什麼甘蔗的葉子會傷人呢？

問：為什麼甘蔗的葉子會傷人呢？

答：初次穿短袖進甘蔗園的人，一定會「畢生難忘」，因為一走出蔗園之後，往往會發現手臂上的傷痕累累；這些傷口雖然不大，可是卻也挺痛的；尤其是流汗時，鹹鹹的汗水流到傷口上，灼熱刺痛的感覺，為什麼會這樣呢？原來，在甘蔗的葉緣，有許多小小的芒刺，這些小芒刺，很容易割傷皮膚。其實，不僅甘蔗如此，許多野草，例如五節芒，也常會割傷皮膚。因此，到蔗園或野外工作時，最好能穿長衣長褲，以避免受傷。

? 為什麼玉米種少時結果也少？

問：為什麼只種一、兩棵玉米時，結的果穗不多，而且玉米粒也不整齊？

答：玉米是一種雌、雄同株的作物，每當開花的時候，上面的雄蕊會和下面的雌蕊受精，而發育為我們吃的玉米粒；如果只種一、兩棵時，可能所開的雄蕊不多，因此結果不整齊；但是，也可能是氣候因素，如果再把雄蕊打落或沒施肥，肥分不夠，它們植株發育欠佳，而影響結果。

? 玉米會不會開花？玉米鬚和玉米梗是什麼部分？

問：玉米會不會開花呢？玉米穗上的長鬚是什麼？還有，著生種子的硬梗是什麼部分形成的？

答：玉米是一種甜美可口的穀物，俗稱番麥或玉蜀黍，是一種原產在南美洲的雜糧作物。這種禾本科植物，會開花，而且是雌雄同株；它們的雄花開展在植株的頂端，而雌花是長在葉腋的包穗

中。在包穗外的長鬚，那是雌花的花粒部分所形成的。

　　當雄花和雌花自花授粉之後，所產生的穎果會著生在花軸形成的梗上，一列列整整齊齊的；所以，大家吃完玉米所留下的空梗，也就是花軸所形成的。

　　玉米的品種很多，有專供食用的，也有供製成飼料的；而玉米莖、葉，不但能供牛、羊食用，還能作為綠肥或製造酒精呢！因此是一種理想的雜糧作物。

? 綠豆上的白線是什麼？

問：吃綠豆湯時，發現豆粒上有白色的線；請問，那是什麼？有什麼功用？

答：在「吃」的時候仍不忘發掘問題，的確觀察入微，值得嘉許！綠豆上的白線，在植物學上稱作種臍；它的作用就好像人的肚臍一樣，在發育過程中能從果實中獲取需要的養分，這種結構，在一般的豆類，例如紅豆、蠶豆、四季豆……等的種子上，都能發現到。

為什麼綠豆葉變黃了呢？

 問：我曾種綠豆實驗，發現過了幾天，葉子變得黃黃的，為什麼呢？

答：你種的綠豆葉子之所以會變黃可能的原因是：一、是不是照光不夠？如果是這樣，應移植到陽光充足的地方；二、也許是你施太多的肥料，但也可能你種的綠豆未施肥，養分不均衡而變得黃黃的；三、檢查你種下去的綠豆葉上是不是有蚜蟲或紅蜘蛛等有害生物寄生？因為牠們會吸食植株使綠豆葉變黃。

「耶誕樹」是什麼樹種？「聖誕紅」開的是花嗎？

問：在耶誕節時，裝飾得漂漂亮亮的耶誕樹，究竟是什麼樹種？還有，聖誕紅外圍紅色部分是花的一部分嗎？

 答：耶誕節對天主教、基督教徒來說，是個重大的節日；但是，如今，就是非教徒，每年一到耶誕節時，也會互寄賀卡，相互祝福；許多家庭，也會買各式各樣的耶誕樹、耶誕燈把家裡點綴得

漂漂亮亮的。然而，大家可注意到這些裝滿飾物的樹種是些什麼樹嗎？

在早期，基督徒所用的耶誕樹是冬青樹之類的植物；然而，後來經過長期的演變，用來裝飾燈及飾物的樹種，有松、杉、龍柏、樅……等常綠的植物，尤其是龍柏，最常被應用；至於為什麼會利用這些樹種呢？因為這些植物樹勢勁拔，雖在嚴冬中能耐風霜，而且樹葉保持常綠，象徵耶穌的精神永垂不朽。

在這個時候，漂亮的聖誕紅，紅得嬌，紅得令人心折，是耶誕節所不可或缺的應景花木。然而，有很多人認為紅色的部分是花的一部分，甚至以為那是花瓣；其實，這是它的苞葉，至於真正的花兒，是位於中央那些小圓球狀黃黃綠綠的部分。想多了解它嗎？何不把聖誕紅種在庭園或盆栽中？方法很簡單，只要剪下枝幹扦插也就行了！但可別忘了注意澆水和施肥喔！

? 鳳梨是利用什麼栽培的？

 問：鳳梨有沒有種子呢？如果沒有，那麼它們是怎麼種的？

 答：鳳梨也有種子，不過它們那發育不全的種子是包藏在果肉之中；這種種子在正常情況下無法萌芽；所以在栽培時農友們都是利用母株所長出的冠芽、腋芽或吸芽來繁殖。這種水果，在台灣中、南部及東部，栽種甚多，是台灣重要的經濟作物。

? 玫瑰會結果嗎？

 問：玫瑰這種植物既會開花，那麼它們會不會結果呢？還有，它們和薔薇是不是同類？

 答：玫瑰會開花，當然也會結果，不相信的話你不妨仔細觀察一下；但是，這種花卉很少用種子繁殖，大多利用扦插法、壓條法繁殖。對啦，玫瑰和薔薇同屬於一類，它們同為薔薇科植物。

? 甘藷為什麼有紅心、黃心的？

問：為什麼甘藷有紅心、黃心的？聽説還有紫心的，真的嗎？
哪一種較好？

答：甘藷的品種相當多，有肉質是紅色的，也就說俗稱的「紅心甘藷」，也有呈黃色的，還有略帶紫色的；這都是遺傳育種學家努力的成果；目的是要求甘藷含澱粉高或含蛋白質高，因此究竟哪一種較好，的確很難說，也就是必須看目的而定，像人吃的，有些人喜歡甜份高的，但是有些人喜歡含蛋白質高的品種。

❓ 向日葵為什麼會向著太陽轉動？

 問：為什麼向日葵會向著太陽轉動呢？

 答：在台灣，向日葵是一種常見的花卉，也是農人常種的植物；它們最為人所熟知的是會隨著太陽的轉動，花盤也隨著移動。為什麼會這樣呢？祕密是在它的花盤莖下含有一種植物生長激素；這種激素在受光刺激時，會流向背光的一面，而引起背光部分的細胞迅速分裂生殖；因此背光部分也就比向光部分長得快，於是花盤也就向光的地方彎曲了。所以，太陽一轉動，花盤也就向太陽光的方向移動，十分有趣。

向日葵有什麼用？

問：鄉下地方，有很多田地都種了向日葵，向日葵有什麼用呢？

答：向日葵是一種美麗的植物，它們的花兒大且漂亮，可供觀賞；而它們的種子也可製成瓜子，也就是葵花子，可供人們直接食用；但在種植向日葵多的地方，農民們常把它們的種子採收下來搾油，製成品質極佳的葵花子油，也是一種可供食用的上等植物油，在台灣，目前以嘉南平原一帶為向日葵的主要產區。

銀杏不結果？

問：銀杏樹是雌雄同株還是異株？我們老師說銀杏不結果，但爸爸上回從香港帶回「白果」說是銀杏的果實，究竟哪一個對呢？

答：銀杏是一種雌雄異株的植物，所以如果雌雄樹不栽種在一起，也就無法結果了！你的老師所說的，可能就是這個意思。

但是，如果都種有雄株和雌株，銀杏也是會結果的。這種植物出現的年代相當的早，而現在在台灣則較罕見，不過在溪頭的台大實驗林，現在依然看得到，到溪頭玩的小朋友，別忘了前往參觀參觀。

❓ 木麻黃會不會開花？

 問：我常聽別人說木麻黃會開花，可是有些人卻又說不會，究竟哪一個對呢？

答：木麻黃是會開花的；雌花的柱頭略帶紅色，而雄花的花粉稍呈黃色；如果你家附近有這種植物的話，不妨多注意一下。在台灣，這種植物常被用做防風林。

❓ 蒲草在哪兒可以找得到？

問：蒲草在哪兒可以找得到？這種植物有什麼功用？

答：蒲草是台灣的特產植物之一，在寶島主要分佈地帶是一千五百公尺以下的潮濕或向陽的山區；這種植物，莖內的髓心部分呈白色，同時大而柔軟，可作花材，還可以切成薄片，供作帽襯。在台灣，目前也有人種植它們作為庭園觀賞植物；對啦，它們還可製造利尿劑呢！的確是一種價值極高的植物。台灣大學的梅峰山地農場種有這種植物，下次到梅峰，不妨前往瞧瞧。

❓ 為什麼草莓老長葉不開花？

問：我家種了一棵草莓，可是為什麼光長葉不開花呢？

答：吃自己種的水果，嘗起來味道會顯得格外的甜美；草莓是一種經濟價值很高的漿果，如果能親自栽種，不但能吃到它們

酸酸甜甜的果實，也能觀察它們整個生長的過程，和培育的方法，一舉數得。一般，植物開花除了需要足夠的水分之外，也得有足夠的陽光和養分，因此你不妨注意，你家種的草莓，有沒有放在陽光能照射得到的地方；還有，有沒有施足夠的肥料。祝你能早日吃到自種的草莓。

？ 如何種柿子樹呢？

問：柿子樹是靠什麼繁殖？怎麼移植呢？

答：柿子樹是利用播種育苗的方法繁殖，等到長成以後，再藉嫁接的方法來接上所要種植的品種；在台灣，山坡地或平地都可栽培，目前主要的產地是新竹、苗栗、台中、嘉義、彰化、南投及台東一帶。一般，年平均溫度攝氏在十一至十五度，年降雨量在六百至二千公厘的地方，都適合栽植；但是如果地上水位高或會浸水的地方，就不太適合栽培柿子樹。

? 蕪菁是什麼植物？

問：曾在報上讀過一種叫做蕪菁的植物，那是什麼植物？可食用嗎？

答：關於「蕪菁」，其實是一種大家常見的植物，在市場上也很容易看到、買到；這種植物，也就是俗稱「大頭菜」、「菜鶉」、「結頭菜」或「芥頭菜」的球莖甘藍。它的特徵是在長大之後，莖的基部會形成球狀，而在球的周圍會發出長有葉片的小莖；如果把纖維質的莖葉及皮剝開或削開，球莖內的肉質部分可炒可煮又可醃漬，味道十分可口。

? 迎春花產在哪兒？

問：我常聽過迎春花這種花兒；請問，它們產在哪兒？屬於哪一類呢？

答：迎春花，這是一種原產於中國的花木；在分類學上屬於木犀科茉莉屬，是落葉性灌木之一。這種花木，是在每年的春天

盛開，花兒的顏色是黃色；花冠的直徑約二至三公分，是適於庭園或陽台栽種的花木。在台灣，迎春花也十分常見，有意栽培的人不妨到花市詢問；可在春末夏初利用扦插或分株法栽培。

榕樹如何繁殖？

問：榕樹是如何繁殖呢？它的果實可吃嗎？

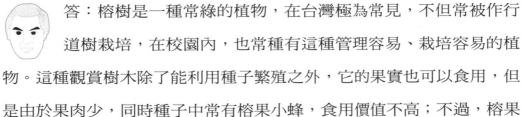

答：榕樹是一種常綠的植物，在台灣極為常見，不但常被作行道樹栽培，在校園內，也常種有這種管理容易、栽培容易的植物。這種觀賞樹木除了能利用種子繁殖之外，它的果實也可以食用，但是由於果肉少，同時種子中常有榕果小蜂，食用價值不高；不過，榕果倒是許多鳥兒的食物。

？ 無花果不開花？

問：無花果是不是不開花就結果的？台灣有嗎？

 答：很多人總以為無花果不開花便能結果，其實不然；這種植物仍會開花，它們是屬於雌雄同花，可是花極微小，而齊生在肉質的花托內，不易看出。這種植物，原產地在西亞地區，如今台灣已有人引進栽培，果實可供食用；對啦！大家可能都看過榕樹的果實，無花果的形狀就如榕果一般。至於食用的無花果，目前已有農民引進種植。

？ 蓮子是蓮的果實還是種子？

問：上生物課時，說到蓮子為蓮的果實；可是，又有人說應為蓮的種子。哪一種說法正確呢？

 答：植物的花在受精之後，胚珠會發育為種子，而子房便發育為果實。而蓮花（其實就是荷花）在受精之後，子房所發育的

部分，也就是俗稱的蓮蓬；至於胚珠所發育而成的種子，也就是很多人都喜歡吃的蓮子。所以，蓮子是蓮的種子不能稱為蓮的果實。

❓ 為什麼苦苓樹上會長出小榕樹？

 問：我家附近有棵苦苓樹，為什麼在這棵苦苓樹上會長出一棵小榕樹呢？它是怎麼來的？

 答：樹上有樹，的確是椿奇事；不過，這種現象在自然界中並不難發現，所以有時候見多了，也就不足為奇了！然而，這種樹兒是怎麼來的呢？一般，這是由於樹的種子在鳥獸的攜帶下（通常是糞便下在其他樹上）或靠風力的傳播，而在其他樹的縫隙萌芽、茁壯。不過，在一些人們栽培的果樹中，有些人常利用品種好的果樹嫁接在其他血緣相近的樹種上，這種樹上有樹的現象是人為的。

曇花為什麼在晚上開？

 問：為什麼曇花總是在晚上才會開呢？

答：許多花兒都是利用昆蟲來傳播花粉，而曇花便是其中之一；然而，曇花是靠蛾類來傳播花粉，但是蛾類是在夜間出來活動；於是經過長期的共同演化，曇花也就在晚上開，以引誘蛾類前來傳播花粉。其實，除了曇花之外，有很多花兒也是在晚上開花，小朋友，你能列舉出幾種嗎？

人參一定要泡著喝？

 問：為什麼人參是泡著喝的？難道不能切著一片片吃？還有，我們吃的人參是它的什麼部位？

答：在中藥上，人參是一種廣效性的補品，是名貴的藥材；一般人常把它們切成一片片，泡在熱茶中喝，或和雞、鴨、豬肉共燉。其實，不一定如此吃法，如果直接切成一片片含在口中，甚至研

磨成粉末吃也可以的。至於我們吃人森參，通常是吃它們根的部分。

? 紅樹林為什麼會被稱為紅樹林？

問：為什麼紅樹林會被稱做紅樹林呢？

答：有很多人參觀過紅樹林之後總會覺得有些困惑，那就是一
片翠綠的紅樹林，既沒看到紅色，為什麼會被稱做紅樹林呢？
原來，它們之所以得名，除了有部分紅樹科的植物會開紅色的花兒之
外，主要原因是這一科的植物樹幹中含單寧的成分，這種物質一和空氣
接觸，會被氧化而成為紅褐色，所以也就被稱為紅樹林了。

? 水筆仔會不會開花？

問：水筆仔是胎生植物，它們會不會開花？

答：水筆仔是紅樹林的主要成員；它們是顯花植物，當然會開
花呀！在台灣，每年六、七月間是它們的花季，而大約八月中
結果。結果完後，種子會在十到十一月間發芽；等到發芽完後，這些芽

體會掉落泥沼中生長的現象，也就是水筆仔的胎生現象。是不是很有趣？和動物媽媽生寶寶的現象是不是很相像？

? 鬱金香的花期多長？如何栽培？

問：家裡買了一盆鬱金香，我們全無照顧經驗，請問它的花期多長？如何照顧？

答：鬱金香由於花形優雅，因此有花國之后的雅稱；全世界的品種達三、四千種之多；在台灣通常是在春天開花，花大多晝開夜閉，可是每一朵花的壽命卻只有一個禮拜左右。這種花卉以中北部高冷地區較適合栽植。可在每年十一月把球莖覆土栽種，大約在三月底至六月間開花。開花後莖、葉會枯萎，這時候可把球根採收儲藏。栽種的土質以含有機質的砂質土為佳，需陽光照射，排水良好。

❓ 相思樹不長相思豆？

問：有人說相思樹會長相思豆，有人卻說不會，究竟會不會呢？

答：俗稱相思豆，通常是指雞母珠的種子，這種種子一端呈紅色，另一端有黑點，又名相思子，據研究含抗癌物質。而相思樹是一種喬木，木材大多被砍伐製造木炭或當柴燒，種子和漂亮的相思子（雞母珠）不同；所以相思樹上是不長相思豆的。由此可知，俗稱的相思豆是指屬於蝶形花科，攀緣性灌木的雞母珠種子，和相思樹無關。

❓ 相思樹是台灣土產的嗎？

問：我曾和爸媽到墾丁國家公園玩，看到好多相思樹，請問相思樹是台灣土產的嗎？會開花嗎？什麼顏色？

答：相思樹是台灣土生的樹種，但菲律賓也是它的原產地。這種樹常被種植在校園、路旁作為行道樹。它們會開花，花呈金黃色，有四個花瓣；而種子則藏在豆莢之中。很多人以為相思樹會結

「相思子」；其實俗稱「紅豆」的相思子是雞母珠的種子。

？ 除蟲菊果真能除蟲？是從什麼部位提煉的？

問：果真有除蟲菊這種植物？它們真能除蟲？有毒的除蟲菊精是從哪一部位提煉出來的？

答：除蟲菊是菊科植物之一，也是常見菊花的一種；這種菊花，由於含有除蟲菊精，因此具有驅蟲效果。一般是從除蟲菊的花朵中提煉出來的，莖、葉內雖然也含少量除蟲菊精，但幾乎無提煉價值，至於根系，含量更幾近於零。有些人提煉這種有毒的物質，和木屑、滑石粉及顏料配製成蚊香，或利用人工合成的除蟲菊精製成農藥，用來撲殺衛生害蟲或農藥害蟲。

❓ 含羞草會開花結果嗎？

問：含羞草是屬於什麼植物？會開花、結果嗎？為何我們的手一摸到含羞草，它的葉子就會馬上收攏？

答：含羞草是一種豆科植物，這種路旁、野外常見的植物並不是台灣的「土產」，而是「舶來品」，是荷蘭人在十七世紀時引進台灣的，它們的原產地是在美洲的熱帶地區，如今幾乎遍佈台灣各地，以中、南部最多。它們也能開花、結果，花色粉紅，簇集成團，十分可愛；而種子包覆在豆莢之中。但是，由於莖部有刺，要特別小心，以免碰觸不慎而傷手。

我們都知道，這種草兒一經觸動，便會把互生的葉子合攏起來，好像含羞帶怯的小姑娘一樣，因此被稱為含羞草；而閩南人則稱它為「見誚（不好意思之意）草」。

為什麼會有這種現象呢？原本在這種草兒的葉柄基部有個膨大的葉枕，葉枕裡面充滿著水分；而在我們觸動它們的時候，葉子發生振動，這個時候葉枕中的水分由於膨壓作用會向上或向兩旁流散，使葉枕下方發生收縮，而葉柄也隨著下垂，葉子也合攏起來了。

至於這種功用，也是它們長期以來適應環境所形成的；因為一旦狂風暴雨吹襲時，由於葉柄、葉片的合攏下垂，它們受風雨的打擊也就能減少了，這樣它們因外界環境因子的傷害便能減少很多。

❓ 為什麼含羞草葉子不會全部合起來？

問：為什麼含羞草受到刺激之後只有一處的葉子會合起來，不會全部合起來？

答：含羞草受外力的刺激，葉枕部分的水分會發生移轉現象，於是該處的葉片會立刻合起來。但是，這種刺激如果只是局部性的，只有局部的葉子有閉合現象；可是，假如全株都受到刺激，例如搖晃植株，那麼全株的葉片全部都會閉合起來；最好的方法是你親自動手試試。

? 為什麼蒜頭能在袋中發芽？

問：為什麼蒜頭不種在土裡或水中，還是能在袋中發芽？

答：一般植物的種子、球莖或球根能夠萌芽的條件，主要有二：一是需有足夠的水分，另一是溫度達到萌芽所需的度數。

蒜頭不種在土裡或水中之所以能在袋中發芽，那是因為袋中的環境已適於它們發芽了；也就是說它們不像其他植物的種子，球莖或球根只要些許水分，也就能發芽了；同時普遍的室溫也足以使它們達到發芽所需的溫度。

? 香蕉如何繁殖？為何採收後要砍掉植株？

問：香蕉是怎麼繁殖的？它們有沒有種子？為什麼在採收之後蕉農總會把植株砍掉？香蕉中有很多黑點，這些香蕉是不是得病了？

答：有很多小朋友總以為香蕉是我們的「土產貨」，其實它們是來自印度的「舶來水果」；不過，由於學者、專家的研究、

改良和推廣，它們已成為我國馳譽世界的水果之一。可是，它們是怎麼繁殖的呢？是不是利用種子呢？還是有其他的方法？

　　事實上，香蕉也可利用種子繁殖，不過栽培推廣的品種，種子已經退化，無法用來繁衍；所以只有在育種時才會藉這種方式進行。而香蕉退化的種子，也就是果肉中稀稀疏疏的黑點，那並不是得病，也不是什麼病原菌。

　　香蕉的每棵植株，每一生只能開花一次，而花軸、花穗部分，是由莖的生長點部分著生出來的；所以，在採收過後，植株會逐漸衰退，並徐徐枯死。這時候，如不立刻砍伐，會把土中的水分、養分消耗殆盡；因此，蕉農在採收果實後不久，便會把植株砍掉。不過，在植株旁，會再長出幼株，農民們也就能利用這些側芽來繁殖了。

？ 為什麼不成熟的釋迦要放進米缸中？

問：為什麼不成熟的釋迦放進米缸中會變得成熟呢？

答：剛剛拔下來的水果，例如木瓜、釋迦、芒果，通常澀澀的，很難入口；可是，在放進米缸或溫度高一點兒的環境下，有助於它們的後熟作用，所以不久它們也就會變得成熟而甜美可口了！水果類的後熟作用，牽涉到一連串的生化反應和酵素的作用，會把多醣類變成雙醣或單醣，而適於食用。

❓ 茭白筍內有黑黑的點，那是什麼呢？

 問：為什麼我們吃的茭白筍中，有的有黑點，有的卻沒有，是不是品種不同？

答：茭白筍是一種生長在水田、沼澤地區的禾本科食用植物，味道可口；不過，茭白切開後如有黑點，那不是因為品種不同，而是它們得病了！一般，得黑穗病的茭白筍，都會有這種徵兆。不過，別擔心，只要不是太黑，還是可以食用。

問：據說梅花是一種先開花，後長葉的植物。請問還有哪些植物具有這種現象？如果是這樣，那麼它們沒有葉子，不能進行光合作用，開花的養分怎麼來的呢？另外，望梅止渴的道理在哪兒？

答：首先，我們先介紹和梅花一樣先開花後長葉的植物，在台灣，這類植物較為常見的，例如櫻花、木棉及桃花等。它們都是落葉性喬木，每年入春之後開花，然後慢慢長出綠葉。開花時，雖然沒有葉子，但如果嫩枝部分有葉綠素存在，依然可進行部分光合作用；不過，這種光合作用所獲取的養分，畢竟有限，因此此時開花所消耗的養分，最主要是來自貯藏梅樹根和幹中的營養物質。

梅花是中國的特產植物，除了花型和姿態漂亮可供欣賞之外，它們的果實可供食用；然而，由於果肉酸酸的，一般常被用做蜜餞或榨汁的原料。所以，凡是吃過酸梅或酸梅湯的人，在大腦皮質上就會留下吃過這種滋味的「記號」；以後再度看到梅子，甚至聽到這種食物時，大腦便會命令唾腺分泌大量的唾液，好像吃到酸酸的梅汁一樣，在生理學

上，這種現象叫做「條件反射」，是俄國生理學家巴佛洛夫所發現的。

　　在巴氏的試驗中，他發現每當人餵狗時，狗一發現食物，便會流出口水；後來，他又發現，這種已有獲得食物經驗的狗如發現餵飼牠的人一走近，甚至看見餵狗時所開的亮光，即使看不到食物，仍會流出口水；他說，這種現象叫做「條件反射」；其實，「望梅止渴」的道理，事實上就是一種「條件反射」的現象。

？ 鐵樹真的不開花？

問：很多人說：「鐵樹不開花」，鐵樹究竟是什麼植物？台灣有沒有呢？它真的不開花嗎？

答：鐵樹，也就是植物學上所稱的「蘇鐵」，又名鳳尾松或鳳尾蕉，是裸子植物中的一種，原產地是在中國的南部及爪哇一帶；是一種觀賞植物。而在寶島，除了台東紅葉村的台東蘇鐵之外，絕大多數庭園種的蘇鐵都是十八世紀初由中國華南引進台灣，然後經過多次栽培改良而繁衍出來的。

　　「鐵樹不開花」可以說是根深蒂固的錯誤觀念；因此，直到現在，

仍然有些報紙的地方版也常報導，某鎮某人家所種的鐵樹開花了，說什麼「百年罕見」，象徵該戶人家大吉大利，鴻福齊天，且圖文並茂。其實，在寶島，一棵生長良好，陽光足，養分夠又少受病蟲害侵害的鐵樹，大約長到半公尺左右，幾乎能年年開花。鐵樹的花呈黃色，可是由於是雌雄異株，所以花型不太一樣；雄花呈長圓柱形，為穗狀，而雌花為短短圓球形，由片片羽狀結構所形成。

在寶島，鐵樹通常在五、六月間開花，花期約一個月左右。不過，在寒帶、溫帶地區，「鐵樹不開花」卻是一種常見的現象；因為在這些地區，環境不太適合於它們的生長，所以開花的情形可以說難得一見。但是在中國華南、台灣及南洋一帶，這句話是不適用的。

❓ 病毒是細菌中的一種嗎？

問：最近我在複習健康教育內容時念到病毒和細菌；請問病毒也是細菌的一種嗎？它也和細菌同屬於植物嗎？如果不是，它們之間有什麼區別呢？

答：有很多人把病毒誤認為細菌的一種，這是不對的。病毒在構造上雖然酷似生物的細胞，但它們卻無細胞核，同時也沒有細胞壁，因為此被科學家們視為一群介於生物及非生物間的物體；而細菌則屬於植物，是生物中的一個類群。

❓ 為什麼自製的漿糊不久便會發臭？

問：為什麼我自己做的漿糊，隔了幾天就發臭了呢？

答：一般，市面上販售的漿糊為了便於貯藏，通常會在其中加了防腐劑，有的甚至又添加了一些芳香劑，使漿糊聞起來有一股香香的味道。而你自己做的漿糊之所以用了幾天就發臭，主要原因是

沒添加防腐劑，而使沾附上面或生活其中的細菌分解發酵的緣故。

❓ 蜜餞和鹹菜為什麼不會腐敗？

問：我常吃蜜餞和鹹（酸）菜，卻不知道為什麼它們不會腐敗？

答：蜜餞在製造的時候，是利用大量的糖來醃製，而鹹菜則藉鹽醃製；由於大量的糖和鹽都能使被醃製的食品脫水，同時讓絕大多數的細菌也無法在其中生存、繁衍，因此也就不會腐敗了。

❓ 食物為什麼會發餿、長黴？

問：在夏天，食物如果沒有放進冰箱冷藏，常會發餿，這究竟是什麼原因？還有，買回來的麵包，如果沒有經過冷藏，為什麼會長黴菌呢？

答：台灣地處熱帶及亞熱帶地區，每年一到夏天，天氣炎熱；而這種氣候，對於病原生物來說，也是理想的增殖條件。正因為這樣，許多流行性疾病總在夏天發生；尤其是腸疾之類，如我們吃了不潔或發餿的食物，也就會染上了。

所謂發餿，也就是食物發生酸敗、酸臭的現象。造成這種現象的原因不外乎外來有害細菌、黴菌等微生物分解，或食物本身因溫度升高變質而引起的。在台灣，一到夏天，氣候濕熱；這時候，未經冷藏的食物如被這類微生物污染，那麼它們會迅速增殖，而把食物分解，並產生許多代謝物；不久，食物也因而變質，發餿了；而有些食物也會因溫度的升高而變質。

有些人總以為發餿的食物如經煮沸，仍可再吃；其實，這種觀念是不對的。固然煮沸可殺死病原生物，但它們分解所產生的有毒代謝物仍

然存在，仍可能致病。因此，對於發餿的食物，切忌食用。

然而，冷藏是不是保存食物萬全的方法呢？不是的，冷藏只能延緩微生物的生長、增殖速率，因此冷藏過的食物不宜放太久才食用，而且食用前最好能再煮熟；這樣，也就能安全些了。

在夏天，未經妥善冷藏的麵包常會有發黴的現象；這是因為空氣中漂浮著許多黴菌的孢子，當這些孢子降落在麵包上時，由於可供寄生，而且濕熱氣候又適於它們繁殖，使這些發黴的麵包失去食用價值。

❓ 為什麼連續陰天牆上會有發黴的現象？

問：為什麼學校教室在連續幾天陰天之後，牆上會有發黴的現象？

答：在空氣中，常飄散著許多黴菌（真菌類）的孢子，如無適當的水分，便無法發芽；連續的陰天，牆上往往會濕濕的，這時候如果飄落的孢子附在牆上，那麼由於濕度適合，溫度也足夠，它們便會萌發，使牆壁灰灰，或白白的，好像灰塵附著上方一般；其實，這是黴菌滋長的緣故。

❓ 菜蟲是菜自然生出來的嗎？

問：我家後面開闢了一塊菜園，可是菜一長大時卻發現很多蟲；這些蟲是菜上自然生長的嗎？

答：菜蟲不會自然生成，而牠們之所以會出現在菜上，可能你家人買回菜苗時，苗上含有蟲卵，卵孵化後牠們便在菜葉上攝食為害。

而另外一個可能是，這些菜蟲的雌蟲飛到菜葉上產卵，然後卵再孵成幼蟲，在菜葉上為害；所以你不妨仔細找找，看看菜葉上還有沒有蟲卵或幼蟲。

❓ 如何分辨菇類有沒有毒？

問：常看有些人從野外採菇類回家煮食，我也很想去採，可是又怕採到有毒的；要怎麼分辨呢？

答：即使權威的菇類專家也不敢告訴你哪一種菇類有毒，哪一種菇類沒毒；因為常常有例外的現象發生；如果你想採摘野生

菇，最好還是請有經驗的人和你同行，不過，我相信他敢採食的，通常只限於他所了解的種類而已，對於沒見過的，可能也不敢貿然採食。而有一點提醒你的是，有很多有毒的菇類顏色通常比較鮮豔，有些則帶有一股怪味或具有菌杯，這類野菇最好別採為妙。

？ 冬蟲夏草只寄生在毛毛蟲身上？

問：冬蟲夏草是什麼東西？是不是只有毛毛蟲才會有？

答：冬蟲夏草是一群寄生在昆蟲身體上的真菌，這類蟲生真菌在寄生之後，外形仍維持昆蟲的樣子，可是被寄生的蟲卻已長滿真菌的菌絲。這類真菌所寄生的對象，並不只是毛毛蟲而已，像蟬的若蟲、蟋蟀、螻蛄及甲蟲類幼蟲等，都可能成為它所寄生的對象。如沒見過，不妨到附近的中藥店瞧瞧。

❓ 花蜜能直接使用嗎？

問：如果花蜜不經蜜蜂釀製，能直接食用嗎？

答：俗稱的蜂蜜是工蜂把採得的花蜜拌和唾液，經脫水、半消化釀製而成的，過程相當複雜，而且需要許多工蜂採集花蜜才能釀製出甜美可口的蜂蜜。其實，如果花蜜未經工蜂的「加工」，依然能夠食用；不過，由於每一朵花的花蜜奇少，如不經工蜂的採集，根本沒什麼利用的價值。所以，對於這種益蟲，小朋友們應好好保護，何況牠們又能傳播花粉呢！

Part 2

一閃一閃亮晶晶
——地球科學篇

? 地球是由什麼東西組成的？

問：地球是由什麼東西所組成的呢？

答：地球的表面是一個大部分由岩石所組成的球體，但地球的內部則是由許多在高溫下被熔成液體的許多種岩石及金屬所組成的。雖然目前對於這些物質的成分仍未詳悉，但是大多數地質學家都認為地球的中心可能是一個直徑達六千多公里的熔化金屬；而在上方的一層是厚度可達三千公里的橄欖石，緊接著就是表層的地殼──玄武岩及花崗岩。

? 地球是在什麼時候誕生的呢？

問：我們老師說地球是一個古老的星球，可是我不知道它有多老？在什麼時候誕生的？

答：關於地球的「年齡」，事實上只是一個「推測」的數字；根據地質學家及天文學家利用各種科學的方法估測，現在我

們所棲身的地球已經有四十六億歲的「高齡」了！也就是說，它是在四十六億年前「誕生」的；這個數目，簡直是天文數字，可不是嗎？

 站在地球的軸心會有什麼感覺？

 問：地球是一直轉動的；那麼如站在地球的軸心，也就是南北極，會感覺到地球的轉動嗎？

答：我們所居住的地球，是一個會自轉的大球體；可是，當我們站在上面的時候，可會覺得這個大球體轉動？相同的，假如我們站在南北極，由於自轉的地球，轉動相當的緩慢，因此還是感覺不出這樣轉動。其實，不管你是站在地球的哪一個地方，還是不會感受出它的轉動的。

？ 為什麼地球上的生物不會被拋向太空？

 問：地球上的生物為什麼不會被拋向太空之中？是不是地心引力的緣故？

答：地球上的生物之所以不會被拋向太空，是由於受到地心引力的吸引所造成的；任何一種東西，都有一種力量向地心方向吸住，這種力量就叫做地心引力。

❓ 大氣層距平地多遠？

問：常說的「大氣層」究竟和地面有多遠？

答：俗稱的「大氣層」通常是指距離地面十至十二公里遠的一層空氣層，在氣象學上稱為對流層。在這一層中，空氣會上上下下不停地對流，氣溫也會因高度增加而降低，在這一層中，主要的氣象現象，例如雪、霧、雨及雹等都會不時發生，塵埃也最多。不過，如就氣象學來說，大氣層範圍更大，除包括對流層外，還包括十或十二公里至五十公里遠的平流層，五十公里至八十公里遠的散逸層及八十至五百公里遠的熱層。

❓ 天有多高？

問：天究竟有多高呢？

答：俗稱的「天」，就是指太空，甚至宇宙；就以地球和雲霧間的距離來說，可「高」達一、二十公里。如果把地球和月亮的高度當做「天」的話，那麼就有三十八萬公里左右。然而如把天當成宇宙來看，那麼幾乎難以測度；因為地球只是太陽系中的小星球而已。如果把整個太陽系當做一個單位來看，也只是所有天河星系中的一小部分而已。在天文學中，測量星球距離常用光年這個單位，一光年相當於九十六後面加十二個零那麼多公里，而距太陽系最近的一個星系是「人馬座」，它和地球間的距離在四光年以上，這種「天」的高度，簡直是天文數字。所以，天的高度幾乎是無法測定的。更可見人類是多麼渺小，因此我們每一個人的心胸一定要更開闊，更有包容力，也更腳踏實地努力並奉獻自己。

❓ 所有人都在呼吸，為什麼氧氣用不完呢？

 問：地球上所有的人都在呼吸，為什麼氧氣不會用完呢？

答：我想這也是許多小朋友常感到困擾的問題吧！不錯，全世界有將近六十四億的人口，這些人時時刻刻都在呼吸，可是氧氣怎麼不會用完呢？那是因為地球上有無數的綠色植物，這些植物能利用光能，把吸入的二氧化碳和水，製造成葡萄糖，並放出氧氣，而這些氧氣也就夠我們呼吸所需要了！而這也是為什麼政府常鼓勵大家造林，希望大家愛護林木的原因之一。

❓ 地球上的水究竟有多少呢？

 問：地球上的水究竟有多少呢？

 答：地球上究竟有多少水呢？這的確是個令人頭大的問題；不過科學家還做過估計。如光以海洋中的水來說，大約有

十三億七萬立方公里，大氣中的水蒸氣大約有一萬二千多立方公里，滲入地下的水大約在四億立方公里左右；而冰雪、江河、沼澤中的水，大約有兩千萬多立方公里；如果再加上生物體內的水，全世界的水大約有十八億立方公里左右，簡直是天文數字！

 水在自然循環時會不會消失？

 問：水在自然界中循環時會不會失去？為什麼？

答：水是一種液態物質，汽化時會變成水蒸氣，但凝固時則會變成水；這三態在自然界中相互循環。而根據「物質不滅定律」得知，在循環過程中，它們並不會失去，只是型態上發生改變。

 為什麼會有地下水？

問：為什麼挖掘地下會有地下水出現？

答：下雨時，有許多水會被沖刷而進入河、海、湖泊，但也有一部分水會被植物根部吸收，或經由土縫滲入，或土壤粒子的吸附而存留土中；如果這些水分多的話，會在地下形成地下水。因此，如經人類挖掘，那麼土縫間的水因重力的關係會匯流一處，形成小水坑。這種地下水線的深度，因地而異，有幾公尺深的，也有數十公尺，甚至數百公尺以下才出現的。

❓ 水為什麼會越洗越髒？

問：水為什麼會越洗越髒？

答：水是一種能溶解許多物質的溶劑；而任何物體表面，往往會有許多灰塵、污垢附著；這些污物如在水中，水會把污染溶解；這樣，水自然會變髒了。而如果利用這些髒的水再洗濯其他物體，那麼其他物體表面的污物，依然會被溶進水中，於是已變髒的水便會變得更骯髒了。在過去，許多鄉下曾以一桶水輪流洗全家人的身體，這不但洗不乾淨，反而越洗越髒。

❓ 山上的瀑布為什麼會流個不停？

問：為什麼山上的瀑布會一直流個不停呢？

答：一般瀑布的形成是由於山上的水匯集溪流中，當溪流遇到盡頭處是一斷崖時，水流無處傾瀉，於是形成條狀或帶狀急遽而下，這種水流也就是我們所說的瀑布。而由於山中常下雨，所以聚集上游的河水也就能一直流個不停，如此瀑布也就一直不斷了，其實，如果長久不下雨或地下水太少，瀑布也就可能變小或因而中止。

❓ 為什麼海水不會乾涸？

問：多少年來，海水不斷蒸發，可是為什麼不會乾涸呢？

答：這也是許多小朋友常發問的問題之一；海水不時蒸發，水蒸氣會逸出水面到空中。可是，當它們在空中凝聚成雲或霧時，氣溫一降低，這些水蒸氣會變成水滴形成雨降落地面、海中。而降

落地面的水，會匯入河中，再流進海內，如此周而復始，循環不已，當然海水也就不會乾涸了！

？ 為什麼海水是鹹的呢？

問：每次我到海邊玩時，嘴巴常沾到海水；為什麼海水是鹹鹹的呢？

答：海水中含有許多鹽，因此嘗起來，味道總是鹹鹹的；可是，要怎樣才能證明呢？小朋友下一次到海邊時，不妨用桶子或塑膠袋裝些海水回來，然後放進鍋中煮，把水分蒸散，最後會在鍋底發現帶有泥沙的白色食鹽細晶，這就是海水鹹鹹的原因。而除了食鹽之外，海水中還含有氯化鎂及硫酸鎂等。這個小實驗很容易做，小朋友不妨在家人的協助下動手做做。

? 為什麼雨水不是鹹的？

問：大量的雨水都是從海洋蒸發的，而海水其鹹無比，為什麼降下來的雨水卻是淡的呢？

答：水分蒸發時，逸出空氣中的成分，只有水而已，其他鹽分並不包括其中，所以，凝聚空氣中的水蒸氣一旦遇冷，便以雨的方式降落時，由於無鹽分存在，水質自然是淡淡的了。如果你不相信，不妨做個試驗，那就是在鍋中煮鹽水，你會發現附著在鍋蓋上壁的水滴是淡淡的，不含鹽分。

❓ 為什麼海洋中的水會呈現藍色呢？

問：每次我到海邊玩，總發現一望無垠的海水，一片靛藍，為什麼？

答：這個問題也是很多小朋友常來信問到的；海水之所以會呈現藍色，主要原因有二，一是海中有綠色藻類生長，使水變成淺綠色；另外一個原因是陽光中的紅、橙、黃光無法被海水所吸收，於是當這些光被反射後，混雜一起時，就呈現出藍色。不過，可別以為海水全都藍色的，有些地方，海水是黃色或紅色的。

❓ 最深的海洋在哪兒？

問：世界上最深的海洋在哪兒？究竟有多深呢？

答：一九五一年英國測量船曾利用聲響及回聲器測得太平洋的馬里亞納海溝。發現深度達一萬零九百零七公尺；可是一九五九年，蘇俄的測量船卻測得為一萬一千零四十公尺；到了一九六

○年，美國有艘測量船測得深度為一萬零九百二十五公尺。而太平洋的平均深度是四千四百七十公尺。

? 冰山怎麼形成？哪兒最多？

問：冰山是怎麼形成的？它們以哪些地方最多？

答：在地球的南、北兩極及許多高山地區，由於終年積雪不融，日積月累，越堆越高；如果承受壓力太大，這些冰層會滑落較低的地方；假如冰層越積越多，會形成一座高山一般，這也就是所謂的冰山。這種冰山一旦落入海中，會徐徐移動，且對行走中的船隻造成撞擊的威脅。據科學家們表示，地球上的冰山以南極最多；其次為北極，再其次為終年積雪的高山地帶。

❓ 山會不會長高？

問：動、植物都會長高，請問山會不會長高呢？

答：這真是個有趣的問題；大多數的動、植物在發育過程中會長高，可是山呢？它是無生命的物體，會不會隨著時間「長」高呢？關於這個問題，大多數的山是不會長高的，除非地層有上移的現象，否則不但不會「長」高，還可能由於雨水沖刷或風化現象使山越變越「矮」呢！但如果因為地震而地層上移，且上移的速度比風化快，那麼山也就可能長高。

❓ 為什麼火山會死呢？

問：我一直覺得奇怪，為什麼火山死了呢？

答：在地層深處的岩漿，如遇地震或地殼劇烈運動，便會從地殼裂縫或較薄的地方沖出，這也就是俗稱的火山爆發；可是有

些火山爆發，由於出口處被厚厚的冷凝岩漿塞住，地殼變得十分堅硬、穩定，地下的岩漿無法從裂縫噴出，而且持續很久的時間仍不噴出，我們稱這種火山為死火山。以台灣來說，屬於陽明山國家公園範圍內的大屯山區，包括大屯山、七星山等，都是屬於這種死火山。

? 真有火山爆發而把城市掩埋？

問：據說火山爆發會把城市掩埋掉，可真有這回事？

答：突然而來的火山爆發，如果相當猛烈的話，那麼所流出的岩漿會把整個城市掩埋；歷史上最有名的實例是發生在西元七十九年的義大利龐貝古城；當時，突然爆發的維蘇埃火山把整座龐貝城掩埋，而一直到近代，這座沉寂千餘年之久的古城才出土重見天日，而除了火山會把城市掩埋之外，突發的大地震也可能造成這種結果。

❓ 石子、沙怎麼產生的？

 問：能不能告訴我石子及沙是怎麼形成的？它們是不是全由岩石變來的？

 答：石子及沙都是岩石經過長期的風化作用所形成的，所以可以說它們是由岩石所衍生的，也就是岩石經過長年累月的風化徐徐形成的。

❓ 沙漠中只有仙人掌嗎？

 問：沙漠之中除了仙人掌之外，還有其他生物生活著嗎？

 答：就外觀來看，沙漠表面似乎一片平靜，好像沒什麼生物生活著一般；其實在植物方面，除了常見的仙人掌外，還有許多耐旱的植物。而在動物方面，除了昆蟲之外，還有蛇類、蜥蜴類、鼠類……等等。

? 鐘乳石是怎麼形成的？

問：鐘乳石是怎麼形成的？台灣有鐘乳石嗎？

答：在石灰質的岩洞中，如果洞口上方有裂縫，那麼水滴會從裂縫滲透而下，於是在水分蒸發後，石灰質的沉澱會留在洞頂的石灰岩壁上。由於水滴一再地滴落，洞頂的沉澱物越積越多，而形成乳頭狀的構造，這也就是鐘乳石的雛形。時間越久，在這些石狀的沉澱物上會包覆一層又一層的石灰質，鐘乳石便越長越大了。在台灣，鐘乳石岩洞以墾丁國家公園的最為有名，有興趣的大、小朋友不妨前往參觀。

? 石油是如何形成的？

問：石油是怎麼形成的？我們能不能製造呢？

答：石油是古代的生物體長久埋藏在地下，經一系列的物理和化學反應所形成的；目前還無法以人為的方法來製造石油。

❓ 有天然磁鐵嗎？

問：我收集了一些磁鐵，請問這些磁鐵究竟是天然的，還是人造的？

答：磁鐵分天然的及人造的兩種；而一般市面上所賣的，大多是人造的，所以你所收集的磁鐵若是買自市面的商店，那可能是人造的。同時天然的磁鐵形狀不太規則而且表面粗糙；而人造的不外乎圓形或馬蹄型……表面光滑，所以你也可從形狀、質地分辨它們

❓ 太陽燃燒的可燃物是什麼？

問：太陽會燃燒；請問它的可燃物究竟是什麼？

答：太陽會不斷地燃燒，可是它的可燃物究竟是什麼呢？這個問題自古以來就困擾著人類，一直到一九三九年才被科學家揭曉；原來可燃物是所有元素中最輕的氫氣，也就是市面上很多小販用來灌氣球的氣體。這個氣體在攝氏兩千萬度的高溫下會產生一連串的核反應；首先，四個氫原子合成一個氘原子；其次，一個氘原子再和一個氫原子合成一個氚原子。再由兩個氚原子合成一個氦原子，並釋放出兩個氫原子；而燃燒作用就是這樣產生的。是不是很奇妙？這些產生的能量也就成為我們不可或缺的能源。

❓ 什麼叫做太陽黑子？

問：「太陽黑子」是我常看到的名詞，那是什麼呢？還有，太陽的溫度有多高？

答：我們都知道，太陽是一團熱呼呼的氣體，表面的溫度大約在攝氏六千度左右；可是越接近太陽中心，溫度越高，據估計約有兩千萬度之高。這種高溫，使太陽表面如翻騰的火海一般，而高倍的望遠鏡下，由於太陽表面明暗相間，宛如一粒粒的米粒散發周圍；而

這些物質，全都是太陽表面所產生的波濤，也就是俗稱的「黑子」，據估測，黑子的溫度達攝氏四千五百度左右。

？ 為什麼日蝕每隔十八年十一天又八小時重複一次？

 問：聽說日蝕如重複一次，需時十八年十一天又八小時？

答：一般所說的日蝕是月球環繞地球運行時把太陽遮蔽所形成的現象。根據中國古代天文學家及古埃及、巴比倫的天文學者的觀測發現，這種現象每隔六千五百八十五天又八個小時，會重複發生一次，古埃及人稱這個週期為「沙羅週期」（沙羅是「重複」的意思）；如加以換算，是十八年十一天又八小時（假如這段期間共有五個閏年）。所以日蝕是每隔十八年十一天又八小時重複一次。

為什麼落日紅紅的呢?

 問:為什麼落日總是紅紅的,而且好像比較大?

答:落日餘暉,景色的確宜人,不但太陽變得紅紅的,而且似乎比平常為大,為什麼呢?原來在落日時分,空氣中的灰塵會使陽光中的藍色光波產生散射,而只有紅色光波能照到地面上,所以看起來是紅紅的。至於落日看起來比其他時間為大,主要原因是太陽光受大氣的折射及人眼的錯覺所引起的。

星星本身會發亮嗎?

 問:星星是靠太陽發光,還是本身會發亮?

答:星星,也就是天體,有行星及恆星之分;行星,例如大家所熟知的水星、火星、木星、金星,本身並不會發光,只會反射太陽光,可是恆星它們和太陽一樣,本身會燃燒,並發出高熱及令人

炫目的光芒。這些恆星能終年不斷，不分晝夜地發光；尤其是黑夜時，常把天空點綴得多彩多姿，洋溢著幾分的詩意。

❓ 什麼叫做彗星？

問：常聽到彗星這個名字；請問，什麼叫做彗星？

答：所謂彗星是指一種質量較小的，而以扁長的軌道圍繞著太陽運行的天體，外形成雲霧狀，有些個體，在接近太陽時，還能拖曳著一根長長、亮亮的尾巴。這種天體，也就是俗稱「掃把星」的彗星。這種天體，中心部分稱做「彗核」，外圍的雲霧稱「彗髮」，兩者合稱「彗頭」；它的尾巴可達三億公里，可算是一種特殊的天體。

❓ 彗星是不是星呢？

問：彗星是不是星呢？

答：很多人總以為彗星是一顆星球；其實嚴格說來，彗星還稱不上是一顆星球，它只是一團冷氣，夾雜著冰粒及宇宙塵而已！但它能環繞太陽作週期性的運轉；運轉週期有三、兩年一次的，也有達兩、三千年的；像哈雷彗星是七十六年一次。在一九五○年時，美國天文學家惠浦曾說，彗星不過是含有水、甲烷、二氧化碳、氨氣及石塊、塵埃的「髒星」罷了！彗星本身並不會發光，但是在接近太陽時會反射陽光而發出光來；在整個宇宙間，彗星的數目多得難以數計，可是它們並無法像一般的星球永遠存在；因為日子一久，就會崩離而形成流星群及宇宙塵，散落在廣闊的宇宙之中。在許多文學或詩歌中，很多作者常以「民族的彗星」、「世界的彗星」來謳歌偉人，歌頌偉人的偉大；但這種用辭是不是得當呢？我想由以上彗星的知識，小朋友應能評斷了吧！偉人之所以稱為偉人，他的為人、事蹟應是永恆的、永久令人欽仰；可是彗星呢？它在宇宙間並無法恆久長存，還會崩離，所以稱偉人為彗星，我認為並不適當；這也是談彗星的「題外話」。

? 哈雷彗星真的是中國人最早發現的嗎？

 問：聽說哈雷彗星是中國人最早發現的，真有此事？

答：其實有關哈雷彗星的觀測，在古時候中國人、印度人、埃及人及巴比倫人就曾發現；但是最早用文字記載下來的是中國人。據考證，早在西元前六一一年，也就是春秋時代魯文公十四年，史籍就有如下的記載：「秋七月，有星孛入于北斗。」這是最早的記載，此後兩漢時代就記載星孛二十九次；魏晉南朝則有星孛六十九次的記錄。可見中國古代天文學研究就相當發達了。

哈雷彗星是怎麼出來的？

 問：哈雷彗星是怎麼出來的？多久才來一次呢？

答：哈雷彗星是圍繞太陽運行的一顆彗星；由於它是以橢圓形的軌道環繞太陽，而且距離地球相當遠，只有移行到地球附近時我們才看得到它。可是它繞行太陽一週的週期長達七十六年，因此地球上的人類七十六年才能看到它一次。其實，在人類看不見它時，它仍循著一定的軌跡，繞著太陽運轉著。

 ## 月光是怎麼來的？為什麼月亮時圓時彎？

問：月光是怎麼來的？為什麼月亮有時候圓圓的，有時候彎彎的？

 答：月球是太陽的衛星，會環繞太陽運轉；同樣地，月亮是地球的衛星，會圍繞地球運行。然而月亮是個不會發光的星球，但我們遠遠望去，它為什麼會發光呢？原來它會反射太陽光，使我們看

起來它好像會發光一樣；可見月光其實就是反射太陽的亮光。

　　當月亮繞地球旋轉時，它和太陽、地球的位置會發生變化；當月亮移到地球和太陽的中間時，月亮把黑暗的一面向著地球，我們就看不見它。不久，月亮徐徐運轉，太陽光逐漸照亮它向著地球的邊緣部分，呈現出彎彎的月牙。不久，它又繼續運轉，向著地球的半球受照射的部分越多，我們入夜後便可看到半個月餅似的月亮，這也就是上弦月。

　　上弦月過後，月亮慢慢轉到和太陽相對的一面，這時候向著地球的這一半球被陽光照射的部分越多，月亮也就一天天圓了起來；等到最圓的時候，大約在每月農曆的十五、六日左右。

　　滿月過後，向著地球這一邊，又有一部分照不到陽光，因此月亮又開始「消瘦」了；大約在滿月後七、八天，我們只能看到半個月亮，這也就是下弦月。不久，繼續運轉，月亮漸漸變小，又變成彎彎的一鉤，形成殘月，以後甚至又看不見了。如此，每月周而復始。由此可知月亮之所以圓圓或彎彎的，完全是由於地球、月亮及太陽相對位置發生變化的結果。

❓ 世界各大洲以前曾相連一塊兒？

問：我們自然老師說：「世界各大洲以前曾相連過」。這是真的嗎？而以後它們會不會再相連起來？

答：由地質學家們的研究，得知現在六大洲，在很久很久以前是一塊合在一起的陸塊；來由於地層分裂及漂移，才「分散」成現在這種模樣；因此，你的自然老師所說的是十分正確。至於以後，這六大洲會不會再連接起來，實在很難回答；不過再合成一個大的陸塊，也許不太可能；某些地方在經長時間，或許幾萬年、幾百萬年後，由於陸塊漂移，「可能」會「部分」銜接，不過，那時候你我可能都看不到了！

❓ 星座真的和人的運氣有關？

問：最近市面上有許多屬於「星座」的書；「星座」真的和人的運氣有關嗎？

答：有很多人一直對於未知的命運、運氣，特別感到興趣；因此，在市面上，這一類書也就應運而生了！可是，這些書中所說的，真的都很「靈驗」嗎？我想並不見得；不過，為了說服人，使人相信，這些書似乎都有一套能說服人的說辭，或根據許多人統計資料分析。就以「星座」來說，有人認為○○星座的人適合什麼工作？或有什麼事情可能會發生……等等。因為，運氣、命運對一個人而言固然重要，可是絕大部分的命運，依然掌握在自己的手中；所以這些書只能當茶餘飯後的消遣，別太認真；尤其是沮喪的時候，最好別看，以免看到不利的部分，越看越消極。

❓ 誰首先登上聖母峰？

問：誰第一次登上聖母峰呢？

答：崇山峻嶺是許多喜愛探險的戶外運動者想征服的，尤其是世界第一峰——聖母峰，長久以來，就是登山家夢寐以求，急欲攀登的高峰。雖然到目前為止，已有不少人為征服這個山峰而殉難，但有勇氣的登山者仍前仆後繼地想征服它。根據金氏世界紀錄百科全書的記載，第一次登上聖母峰的人是紐西蘭籍的希拉瑞和尼泊爾的汀才挪克；他們兩人是在一九五三年五月二十九日上午十一點半登上聖母峰的。

❓ 有沒有外星人？

 問：地球上，究竟有沒有外星人呢？

 答：飛碟等不明飛行物，可算是目前自然界許多未解之謎之一；而外星人也是一樣；雖然有人表示曾經目擊，但是究竟這種「人」是不是存在，如今依然還無法證實。不過，許多科學家正密切注意，想搜集更多的證據。揭開這個宇宙的謎底，我們一道兒期待吧！

Part3

魔法變變變
──物理和化學篇

？ 肥皂在水中為什麼不見了？

問：我經常把肥皂放在水裡玩，可是發現肥皂越來越小，這是什麼原因呢？難道水有腐蝕性？

答：肥皂是一種可溶性的物質，所以在水中，它們會由固體逐漸溶解，因此會越變越小；同時水溶液也會產生許多泡沫。肥皂溶於水中，但並不是因為水具有腐蝕性。

二氧化碳有毒？

問：聽說二氧化碳有毒，怎能作汽水中氣泡的原料呢？

答：二氧化碳是一種比空氣重的氣體，由於會令人窒息，讓很多人誤以為它們有毒，這是不對的，這種氣體並沒有毒。在製造汽水時，這種氣體是不可缺乏的原料，它們會被我們「喝」進肚子中。由於二氧化碳在水中的溶解度很低，因此必得加壓，然後再蓋以瓶蓋彌封。而當瓶蓋打開時，由於瓶內的壓力驟然減小，二氧化碳的溶解度降低，這時候大量難溶於水的二氧化碳紛紛逸出水面，產生很多氣泡。因此我們肉眼所見及的那些氣泡也就是二氧化碳的氣體。

❓ 為什麼飯粒會在汽水中沉浮？

問：有一天，我吃飯後用碗喝汽水，結果發現飯粒在汽水中沉浮；為什麼會這樣呢？

答：我們知道，汽水中含有大量的二氧化碳；當汽水瓶一打開時，溶在汽水中的二氧化碳氣體，會從水中逸出。這時候，如果水中有飯粒或其他東西，全被往上推的二氧化碳氣泡推動，於是便造成沉沉浮浮的現象。不過，等到二氧化碳的含量越少時，推動飯粒沉浮的速率便會減慢。

❓ 冰淇淋杯上會冒煙的東西果真是二氧化碳？

問：前幾天我們全家上館子，發現冰淇淋杯上有冒煙的東西；爸爸說那是二氧化碳，真的嗎？

答：杯子上多了這一小杯會冒煙的玩意兒，的確十分可愛，也令人感到新奇，可是當你知道這種冒煙的玩意兒和我們所呼出的氣體——二氧化碳一樣時，可能會覺得有些失望！不錯，這種冒煙的

玩意兒的確是二氧化碳。

「二氧化碳不是氣體嗎？為什麼它們能凝成塊狀？」其實這也不值得大驚小怪！因為氣體一經冷卻，可變為液體或固體；而經冷卻變成固體的二氧化碳，也就是我們習稱的乾冰。

「可是為什麼乾冰一丟進水中，它們就會冒出煙來呢？」也許你又會問。而在前面，我們已說過，乾冰乃已經冷卻的二氧化碳，溫度很低，因此如把它們丟入水中，由於水溫較高，它們乃變成氣體，這也就是我們在咖啡杯或冰淇淋杯上所看到的「煙」──成分還是二氧化碳。

❓ 火焰的顏色都是紅紅的嗎？

問：常看到的火焰顏色都是紅紅的；有沒有其他顏色的火焰呢？

答：你的問題真有意思！一般，我們所看到的火焰是紅紅的或黃黃的；其實，有很多東西，燃燒的時候所呈現的焰色並不一定是紅色或黃色。像酒精燃燒時，火焰是藍色的；還有其他元素或物質，一經燃燒，也可能會呈現綠焰或其他顏色的焰色呢！

❓ 為什麼紙類燃燒後會變成黑色灰燼？

 問：為什麼紙類一經燒過，就會變成黑灰呢？

 答：一般碳化物燃燒，就會有黑色的餘燼；而紙類含碳甚多，所以一經燃燒之後，就有許多黑色的灰燼產生。

❓ 為什麼木材燃燒時會冒煙出水？

 問：我把木材放進灶內燃燒時常發現木材冒煙，甚至出水的現象，為什麼？

 答：木材燃燒時之所以會冒煙、出水現象，表示木材並未完全乾燥，所以才會有濃煙及出水的情形。而含水分越多，那麼冒煙及出水的現象會更多。一般，燃燒時煙會很多通常是由於燃燒不完全所造成的。所以，如有冒水現象，最好能晒乾後再利用，不然燻得滿屋濃煙，既難過又不環保。

? 為什麼竹子燃燒時會發出啪啪的聲音？

問：我家在蒸東西時常燒竹子，為什麼燒竹子時會發出啪啪的聲音？

答：能從生活中找問題，是科學精神的表現。我們都知道竹子是一種有節的植物；當竹子受熱的時候，竹節與竹節內的空氣會因受熱而發生膨脹，在膨脹到一定限度時，便會發生爆裂，並發出啪啪的聲音。這種原理和天熱的時候，車胎容易爆裂的原理是一樣的，只是燃燒所造成的爆裂現象要更為激烈。

? 為什麼蠟燭在瓶子裡會熄滅？

問：為什麼把蠟燭放進瓶中，不久燭火就熄滅了呢？

答：物質能不能燃燒，通常須具備可燃物、氧氣及溫度是不是達到燃點，蠟燭是可燃物，當它被點燃時，如果空氣源源不絕，那麼空氣中的氧氣便能使蠟燭繼續燃燒。可是，當蠟燭被移進瓶子

裡時，由於空氣的供應受到限制，氧氣一發生不足，再加上燃燒所放出的二氧化碳是非助燃物，於是放進瓶子不久也就會熄滅了。

❓ 為什麼削過皮的蘋果不久就會變為褐色呢？

問：有一次，媽媽削蘋果給我們吃；正好鄰居的阿姨來找媽媽；過了一會兒，當我們出來吃的時候，蘋果卻變黃了。這到底是為什麼呢？媽媽說：梨子也會有這種情形，但也不知為什麼？

答：蘋果、梨等削皮後放久了會變黃，這是因為果實內所含的植物鹼受到氧化所造成的；如果能在削好之後，泡點兒鹽水洗洗，就能阻止，並減緩這種氧化作用；所以下一次你們在削好蘋果、梨子之後，不妨泡泡鹽水試試。

❓ 鳥兒怎麼敢停在高壓線上？

問：隔壁的大哥買了幾隻鴿子，一放出去時牠們常停在高壓線上，而且若無其事似的；為什麼鴿子不會觸電？

答：一般的電線通常由地線和火線所組成，只要任何動物接觸火線，同時又碰到地線，那麼電流便會通過而觸電，而鳥兒停在電線上時，由於牠們只接觸到其中的火線，沒和地線及地面直接接觸，因此即使停在高壓線上，也不會觸電。可是，如果牠們既接觸到火線，又碰到地線或電線桿上的非絕緣體，也會觸電。

❓ 冰塊中為什麼會有白白的呢？

問：夏天到了，冰箱冷凍室內經常擺著一盒盒的冰塊；請問，為什麼有些冰塊中會出現白色呢？

答：我們都知道，冰是由水遇冷凝聚而成的；而水中含有許多氣體，當水結成冰之後，有氣泡的部分，也就形成白色了，而沒有氣泡的部分，透明清晰，晶瑩可愛，所以，冰塊中之所以會產生白

色，那是由於含有氣泡的緣故；如不相信，不妨拿刀背敲敲看，看看白色部分是不是空空洞洞的。

? 為什麼喝冰水時杯上會有水滴？

問：為什麼在喝冰水時，杯上總會有水滴呢？

答：冰水的溫度通常很低，所以當冰水暴露在空氣中的時候，會吸收周圍空氣中的熱量，使杯子周圍的氣溫降低。而我們都知道，在空氣中含有許多水蒸氣，這些水蒸氣一受冷凝，便會形成小水滴附著在杯的外壁。所以，在喝冰水的時候——特別是暑氣逼人的夏天，總可發現杯壁有水滴出現。

? 糞冒煙是吃熱食的緣故嗎？

問：為什麼天冷的時候我們所排出來的尿及糞便都會冒煙？是不是因為我們吃熱食的關係？

答：這個問題問得很有趣！事實上，不管是糞或尿，因為體溫及內臟溫度的關係，都是熱熱的，天冷的時候外界溫度低，所以一排出就會冒煙，其實天氣熱的時候也是一樣，只是沒那麼明顯。

? 糖能通過半透膜嗎？

 問：糖能不能通過半透膜？為什麼？

 答：如果是蔗糖的話，那就不行了，因為蔗糖是大分子。而假使是葡萄糖，就可透過半透膜了，因為葡萄糖是小分子，小分子是能通過半透膜的。

? 口香糖是什麼原料製成的？

 問：口香糖是什麼原料做成的？

答：現在製造口香糖的廠商很多，每家所使用的原料幾乎是大同小異，只是香料、包裝或添加物不同而已；一般口香糖的成分是百分之二十的橡膠，百分之六十的蔗糖，百分之十九的玉米糖漿及百分之一的香料。不過，也有人在口香糖中包有蜂蜜、糖漿或水果濃汁。至於，香料的種類、樣式則更多。

❓ 吞下口香糖怎麼辦？

問：前幾天我吃口香糖時，一不小心把口香糖吞進肚中；這要不要緊？

答：口香糖的主要成分是橡膠；這種物質在人體內是無法被消化的；所以，你如不慎把口香糖吞下，那麼它應會隨著糞便排出體外，因此不用擔心；但是以後可要注意，因為在吞下時如不小心哽住喉嚨，或嗆進氣管中，那可十分危險喲！

? 糖果入口不久為什麼會融化？

問：請問糖果一入口不久，為什麼會融化呢？

答：我們都知道，糖果是一種可溶性固體，這種固體被我們含在口裡時，因為口裡會分泌唾液，含有水分，同時溫度也在攝氏三十多度；在這種條件下，糖果會慢慢融化，變成液體，而被我們吞進胃中。其實，你也可以把它們放進一杯熱水中。然後觀察糖果融化的過程；因為，這種現象，和糖果入口融化的原理是差不多的。

? 毒瓶的藥品到哪兒買呢？

問：我在生物課本的附錄中發現製作毒瓶的材料之一──四氯化碳，可是不知到哪兒買？

答：這可能也是很多想要製作毒瓶的小朋友們極想知道的吧！毒瓶常用的藥品──例如氰酸鉀、四氯化碳、醋酸乙酯，都可在一般的化學藥品及儀器行中購買得到，小朋友們可就近洽購。不過，

在這兒提醒大家的是，這些物品對人畜都有毒害作用，尤其是氰酸鉀，奇毒無比，屬於管制品，在使用前後，都得特別留意！

❓ 為什麼自己吹的氣球飛不起來？

問：我覺得好奇怪，為什麼我自己吹的氣球飄不起來，而別人賣的氣球卻能飛得高高的呢？難道是裡面裝的氣體不同？

答：不錯！這是因為充氣不同的緣故；我們自己吹氣的，含有水蒸氣、二氧化碳，比重比空氣重，當然飛不起來；而小販賣的氣球，大多是比重比空氣輕很多的氫氣，所以能飛得起來。

❓ 為什麼氣球會變小？

問：有一天晚上弟弟買了一個氣球，吹滿之後綁起來；可是，第二天早上卻發現氣球變小小的，為什麼呢？

答：我們都知道，氣球在吹得大大的之後，通常是用橡皮筋或線綁住吹口的地方；可是，即使綁得很牢，但吹口處仍會有細

細的縫，而氣體會從這些細縫慢慢地溢出，於是氣球會越變越小。同時，假如氣球上如果有很小的洞，在氣球因壓力而撐開之後，裡面的氣體也會從這些肉眼看不見的小洞溢出，這樣氣球就會因漏氣越來越小。

❓ 彈簧變形了怎麼辦？

問：彈簧如果受外力作用而變形了，怎麼辦？

答：謝謝你的「考題」；如果我有個彈簧因外力的作用變形了，我會把它丟掉或修理一下；我的修理方式是把捲曲的彈簧按照螺紋排好，一個個用力壓下，使它們能儘量恢復原狀；這是我的「土方」，你是不是有更好的方法？

❓ 瓦斯含有什麼成分？為何有一股臭味？

問：現在家庭用的液態瓦斯究竟含有什麼成分？還有，為什麼瓦斯漏氣沒有點著的時候，我們總會聞到一股臭味？

答：一般，家庭用的液態瓦斯，是一種混合物；主要成分是甲烷、丙烷、丁烷及一氧化碳；這些氣體，無色無臭，如經點燃，會熊熊地燒起來。而其中的一氧化碳，一旦被吸入體內，會和人體血液中的血紅蛋白結合，使氧氣的輸送受到阻礙而造成頭暈、噁心等中毒現象。

於是，為了使人們能察覺瓦斯是不是漏氣的現象，瓦斯公司在把瓦斯壓縮入筒時，通常會在瓦斯中加入一種含臭味的氣體──硫化物，例如硫醇；這樣，如瓦斯漏氣時，人們便能聞到臭味而立刻採取妥善的措施，以防止瓦斯中毒或爆炸的不幸事件。

？ 牆壁的油漆為什麼會凸出而脫落呢？

問：為什麼有些牆壁的油漆會凸出而脫落呢？

答：一般，牆壁如果在施工後，還沒完全乾燥就塗上油漆，那麼由於含有大量水分的關係，會使油漆凸出，並造成脫落的現象。而如果施工很久，或牆壁早已乾燥，塗上油漆後仍會有凸出或油漆

脫落的現象，很可能是埋在牆中的水管裂開或漏水。這時候，根本的辦法是把牆內的水管修復，才不會使塗上去的油漆又凸出、脫落。

❓ 鬼火是怎麼形成的？

問：真的有鬼火？它是怎麼形成的？

答：這是一個充滿著神祕的問題，既恐怖又引人入勝。如果我說有，你一定會覺得毛骨悚然，其實只要了解它怎麼來的，也就沒有什麼可怕的。在我們人體或其他動物的體內，含有許多磷；在人或動物死後，磷化物會因腐爛而產生磷化氫。而磷化氫在空氣中能自燃而產生藍色的光圈，這也就俗稱的「鬼火」。鬼火在白天也出現，只是在白天時陽光強，不易看出而已；所以在知道它的形成原因之後，也就沒有什麼好怕的了，不是嗎？

❓ 為什麼電焊工人要戴鏡罩？

問：我家附近有鐵工廠，常發現電焊工人焊接東西時戴上鏡罩，為什麼要這樣呢？

答：電焊工人在焊接時往往會戴上鏡罩，這是大家常看到的現象；有很多人認為那是怕被噴出的鐵屑燒傷眼睛，其實這只是原因之一。主要原因是電焊時所發出的閃光含有大量的紫外線，這些紫外線如碰上眼睛，會被角膜及結膜所吸收而造成傷害，在操作時一定要戴上鏡罩，使紫外線不會直接傷害眼睛。

❓ 為什麼床下會有灰塵？

問：為什麼飛沙不大，但是床舖底下仍常形成一層薄薄的灰塵？

答：空氣中充滿著無數隨風飄起的微細塵埃，這些塵埃大多是肉眼不易看出的。當我們打開屋子的門窗時，它們會隨風飄進屋子裡，降落在床舖下的，久而久之會形成薄薄的一層灰塵。如果風沙

大，那麼這層灰塵會變得厚厚的；因此，清掃時可別忘了清掃床下。如風沙大時，最好能關好門窗。

❓ 燒開水是上面先熱還是下面先熱？

問：燒開水時是上面的水先熱，還是下面的水先熱？

答：當水受熱的時候，體積會膨脹，這時候密度也就會變小；所以，在燒開水時，下面的水會受熱而膨脹，於是上升水面，而較冷的水由於體積較小，密度較大，也就往下降。由此可知，在燒開水時，上面的水較熱，而下面的水較冷。不過，當水沸騰時，由於上下對流的緣故，水溫都可達到攝氏一百度，而且在水面上可看出明顯的汽化的現象。你何不拿溫度計量量燒開水過程中水溫的變化情形？

❓ 浮上來的湯圓是熟的，沉在水底的是生的？

 問：煮湯圓的時候，媽媽說：「浮上來的是熟的，沉在水底的還是生的。」請問可真有這回事？為什麼？

 答：湯圓受熱時，體積會膨脹，這時候它的重量不變，於是密度變小，而熱水雖然也會膨脹，但速度還是比湯圓慢，因此熟湯圓便會浮在水面上。可是生湯圓由於體積小，密度大，所以便沉在水底了。煮水餃的道理和煮湯圓是一樣呢！

❓ 炸食物時，為何油鍋劈啪作響？

問：我最喜歡吃媽媽做的炸魚及炸排骨，可是，為什麼每一次媽媽把材料放入鍋中的時候，油鍋總會起劈劈啪啪的響聲，並且經常有滾燙的油滴噴了出來，能夠解釋這種現象嗎？

答：炸魚、炸排骨的情景大家可能都見過吧！飢腸轆轆的時候，香噴噴、熱呼呼的魚片、排骨，的確令人垂涎！可是，如站在鍋旁，冷不防被噴出的熱油給「親熱」了，卻挺不好受的呢。大家

可知道油滴為什麼會噴出來嗎？

　　魚塊及排骨肉中，都含有許多水分；水在高溫下會沸騰。但水的沸點只有攝氏一百度；而油的沸點，高達兩、三百度。因此，在炸魚或炸排骨時，其中所含水分，一滴進熱油中，馬上會沸騰，並產生水蒸氣外溢，也使油鍋中的油向外濺出，並劈啪作響。這時候如靠得太近，往往會被濺出的油滴燙傷，所以大家可要小心。

　　其實，並不是只有炸魚、炸排骨時才有這種現象發生；只要熱油中含有水滴，那麼先沸騰而化成蒸氣的水分，就會引起熱油四濺，小朋友們可要特別注意。

？ 為什麼炒花生或栗子時，常在炒鍋裡擺些細砂？

問：為什麼媽媽炒花生或栗子時，常在炒鍋裡擺些細砂？

答：我們都知道，花生和栗子都是吃起來、聞起來香香的食物，尤其是經熱炒以後，嚼在口裡，香噴噴的。可是，如果炒得火候不夠，半生不熟，難以下嚥；而炒得太焦，嚐起來卻帶有一點兒

苦味。因此，媽媽們在炒花生和栗子時，總要在鍋中放些細砂，並稍控制火候；這樣，炒出來的花生和栗子，吃起來實在夠味兒。

但是為什麼拌炒的花生和栗子不會燒焦呢？我們都知道，不管是剝開或未剝開的花生和栗子，通常略呈球形，如放在鍋中炒，由於形狀不規則，往往有一邊會太熟，而未接觸鍋的一邊則太生，這時候如火勢太猛，便會炒焦。不過，如能在鍋中放些砂，由於砂吸熱快，傳熱也快，花生和栗子的四周被熱砂包圍，砂能把熱量均勻的傳到花生和栗子上；這樣，不但熟得快，也不會有燒焦的現象，等到炒熟了之後，只要用篩子把細砂篩掉，稍放涼些，也就可以拿著吃了。

？ 雙氧水清洗傷口為何會起白沫？

問：我的腳不小心擦傷了，媽媽拿雙氧水為我清洗傷口，可是傷口周圍卻起了一層白泡沫，究竟是怎麼一回事？為何會這樣呢？

答：雙氧水是醫學上常用的化學藥品，成分是經稀釋的過氧化氫，這種物質不太穩定，如果遇到溫度稍高或有機物的時候，

便會迅速分解成水及初生態氧。

　　而當我們受傷時，傷口可能由於發炎而溫度稍高，同時傷口處的膿及其他有機物會和雙氧水產生作用，這時候，由於組織中的酵素會促進這種氧化反應，於是傷口周圍便起了劇烈的氧化作用，而我們所發現正冒出的氣泡，也就是初生態氧形成的現象。在這種情形下，對於細菌的生長，或增殖，十分不利，尤其是對於厭氧性的細菌，更為不利，而這也就是我們利用雙氧水清潔傷口的目的。

❓ 為什麼緊閉的車窗會變成霧濛濛的？

問：下雨天坐在公車上，如關上車窗，不久玻璃卻變得霧濛濛的，為什麼呢？

答：能從生活中發現問題再追根究柢，是最可貴的；下雨天緊閉車窗，不久玻璃就變得霧濛濛；這種現象很多人都注意過，可是有沒有想到「為什麼」呢？我們都知道，人呼吸時會呼出二氧化碳和水氣，所以如果把車窗關起來，呼出的水氣一遇冷冰冰的玻璃，便會在玻璃上凝成細細的小水滴，使玻璃變得霧濛濛的；加上交談時也會有

水氣呵出，所以不久車窗也就更快變得霧濛濛的了！這時候為保持空氣流暢，最好把窗戶打開一點縫隙，而霧濛濛的現象也會減小。

❓ 夏日時車子比較容易爆胎？輪胎上的花紋有何作用？

問：我很喜歡騎自行車，可是，為什麼夏天的時候，車子比較容易爆胎，這到底是什麼原因呢？還有，輪胎上為什麼有許多凹凸不平的花紋？

答：我們都知道，任何物體，都有熱脹冷縮的現象，空氣也是一樣；在夏天時，氣溫很高，而地面也常因太陽的直射，變得非常熱；這時候，如果車胎的氣打得太飽，會因為氣溫及地面熱度的影響，胎內的空氣發生膨脹；這時候如果我們騎在上面，壓力更大，結果會造成爆胎的現象。所以，在夏天時，小朋友千萬別把車胎的氣打得太飽，以免發生爆胎，既麻煩又要花錢修理。

至於輪胎上之所以會有凹凸不平的花紋，主要目的是為了增加摩擦力，以免車子前進時滑倒；同時，這種花紋，也能增加車子和地面的附著力；這樣，在轉彎或緊急煞車時，車子便能立刻停下來。其實，像我

們平常穿的拖鞋，鞋底也有許多條紋，這也是為了增加摩擦力，使行走時不至於滑倒。小朋友們在騎車時可要常檢查外胎的花紋，看看有沒有被磨損得太厲害？而如果花紋被磨平了，可要早點兒更換，以免損及內胎或發生危險。

❓ 喝酒可禦寒？

問：媽媽說在冬天的晚上喝一些酒可以禦寒，為什麼？

答：喝酒能禦寒的說法是有學理根據的；我們都知道，酒的主要成分是酒精和水；當酒精進入人體之後，會刺激心肌，使心肌迅速收縮，並加速血液的循環。而這種作用會促使全身的血管擴張，於是體溫也就隨之上升了。而這也就是喝酒能禦寒的原因。然而，在散發體熱時，會發生排汗的現象，以使體溫逐漸下降，因此應立刻把汗水拭乾，不然一吹冷風，反容易感冒。所以，對於有醉酒現象的人應特別注意保暖。

? 磚怎麼來的？

問：蓋房子大多少不了磚，可是我不知道它們怎麼來的？

答：磚是黏土被切成塊狀之後，放進高溫的窯裡燒製而得來的；可能的話不妨請你的家人帶你實地參觀一下，這樣你就會記憶深刻。而有些磚是水泥製的，那是利用細沙碎石拌水泥灌進模型中而形成的。

? 為什麼針刺比蚊叮還痛？

問：有一次上物理課時，物理老師問我們：「針刺我們時會覺得痛，為什麼蚊子叮我們時不覺得痛呢？」蚊子的口器不也是尖尖的嗎？班上同學都答不出來，您告訴我們好嗎？

答：事實上蚊子叮人時也會痛呀！不過不比針刺人時為痛就是；而針刺人之所以比較痛，那是因為針的質地較硬、較尖，所使出的力道集中在尖端，令人覺得十分疼痛。

❓ 響屁不臭？

問：為什麼有人說臭屁不響，響屁不臭？

答：你的問題雖「髒」，可是卻挺有學問的；所謂屁，也就是食物進入消化道中經消化後，未消化的廢物要排出時而產生的一種帶有臭味的氣體。當這種氣體被排出體外時，也就是我們俗稱的臭屁。屁由於被排出時壓力的關係，有的一被排出，就迅速擴散，聲響也較大；有的在排出時，由於壓力較小，擴散緩慢，聲音也較小。因此，同是帶有臭味的氣體，前者在被聞到時，並不覺得臭，因此有「響屁不臭」的說法；至於後者，臭氣徐徐散開，滯留較久，給人的感覺也就奇臭無比了！因此又有「臭屁不響」之說。不過，由於食物的不同，所產生的臭氣在質和量上也可能不同；如果你有興趣，不妨「深入研究」；題目雖「髒」，也不失為「很有意思」的科學展覽的素材；想不想試試？

❓ 電視是誰發明的？

 問：我們天天都能看電視，這鬼玩意兒究竟是誰發明的？

 答：電視的發明要遠溯到一八一七年瑞典化學家瓊司・柏西里，他發現了硒這種元素具有光電性；於是到了一八七五年，美國人開瑞利用這種光電性而發明了光電池，並製造出第一個原始的電視系統；但又經保羅・尼泊的改良，使人類能透過旋轉的掃描盤觀看影像。到了一九二三年，再經英國的拜耳及美國的詹斯的一再改良，終於發明了品質更好的電視。由此可見，電視的發明是經許多科學家努力的結果，並不是一個人的成就；如今，由於攝影器材及光電的革新，新型電視也紛紛推出，這完全是集合人類智慧創造出來的；可見個人英雄主義的時代已經過去，如能集合大家的聰明才智，必能為人類的福祉做出更大的貢獻。

Part4

天黑黑，要落雨
──氣象篇

❓ 世界上最熱及最冷的地方是在哪兒？

問：全世界上最熱及最冷的地方是在哪兒？各多少度？

答：根據金氏世界百科全書的記載，全世界最熱的地方是在非洲衣索匹亞的達洛爾，年平均溫度為攝氏四十度；而最冷的地方是在南極洲的冷極，年平均溫度為攝氏零下五至八度左右。這兩種極端的氣溫，的確令人受不了。

？ 二十四節氣指哪些？各相當於何月何日？

問：二十四節氣指哪些？各相當於何月何日呢？

答：把一年分成二十四個節氣是我們老祖先依日晷和經驗所「發明」的。這二十四個節氣和相當的國曆月日如下：

立春——二月四或五日	小滿——五月二十一或二十二日
雨水——二月十九或二十日	芒種——六月五或六日
驚蟄——三月五日或六日	夏至——六月二十一或二十二日
春分——三月二十或二十一日	小暑——七月七或八日
清明——四月四日或五日	大暑——七月二十三或二十四日
穀雨——四月二十或二十一日	處暑——八月二十三或二十四日
立夏——五月五日或六日	立秋——八月七或八日

白露——九月七或八日　　小雪——十一月二十二或二十三日

秋分——九月二十三或二十四日　　大雪——十二月七或八日

寒露——十月八或九日　　冬至——十二月二十一或二十二日

霜降——十月二十三或二十四日　　小寒——一月五或六日

立冬——十一月七或八日　　大寒——一月二十或二十一日

❓ 什麼叫做驚蟄？適用於台灣嗎？

問：我曾在書上讀到「驚蟄」兩個字，請問，什麼叫驚蟄呢？「驚蟄」適用於台灣嗎？

答：「驚蟄」是中國先民把一年分成二十四個節氣中的第三個節氣，相當於每年陽曆的三月五或六日。在這個時候，蟄伏土中的小動物，會從土中甦醒過來而開始活動。由於這些節氣的制定主要是源自中國的黃河流域，可是寶島四季如春，如以昆蟲的發生為例，大多數種類幾乎都是終年發生的，因此在驚蟄時由土中甦醒過來的昆蟲雖然也有，只是沒有黃河流域那麼明顯就是。不過，由於這時候氣溫已逐漸回升，出土活動的昆蟲及其他動物是要比冬天時為多。

？ 為什麼會有颱風？如何區分強度？

問：為什麼在台灣每年一到夏天常會有颱風來襲呢？它們是怎麼形成的？還有，如何區分輕度、中度和強烈颱風？

答：在地理位置上，台灣的東海岸瀕臨北太平洋，南隔巴士海峽與菲律賓相望。這些地方，夏天時溫度較高，水分含量多，加上氣溫不穩定，亞洲大陸也沒有大陸性氣團阻撓，因而容易形成漩渦狀的氣團；所以在台灣，一到夏天，颱風頻仍。

至於颱風形成的原因是這樣的：在熱帶的海洋上，如海水受陽光直射，溫度會升高，如此，海水容易蒸發，形成水蒸氣，而造成濕度大、溫度高的氣流；當水蒸氣凝結時，會造成低氣壓，這時候，四周的高氣壓會往低氣壓處流動而形成風；形成的風如和當時的季風、信風相遇，便會造成大的波動或漩渦，使已形成的低氣壓漩渦更加深而造成了颱風的雛形。而這個時候，廣大的洋面陸續供給充分的水蒸氣，於是又造成了具規模的螺旋形雲帶，這種雲帶如一再增大，那麼颱風的威力也就增強了。

在氣象學上，一般是依照颱風中心附近最大的風速來區分颱風的等

級。如果颱風中心附近最大風速為每秒十七點二至三十二點六公尺，稱為輕度颱風；每秒三十二點七至五十點九公尺的，稱為中度颱風；而每秒五十一公尺以上的，就稱為強烈颱風。

❓ 果真有二十五級風？

問：颱風來襲時，台灣中部風力強勁；我在電視上看到有位警官說風力達二十五級；請問，風力究竟分為幾級？

答：風力的大小，通常是以每秒的風速作為標準，分成若干級數。在一九五〇年代以前，風力的大小一般分成十三個等級，也就是〇至十二級。但是由於科技發展，儀器日益精密，如今風力的級數已擴大到十七級，共十八個等級，也就是〇至十七級。例如每秒風速在〇點三公尺以下的是〇級，五點五至七點九公尺的是四級；三十二點七至三十六點九公尺的是十二級；五十六點一至六十一點二公尺的則是十七級。如果超過六十一點二公尺的，仍被列為十七級。所以到目前為止，最大的風力是十七級，二十五級風可能言過其實了。

❓ 龍捲風是怎麼形成的？

 問：請問龍捲風是怎麼形成的？台灣曾發生過嗎？

答：龍捲風是一種強烈的風暴，也就是由於強烈的氣流形成劇烈的漩渦。形成原因是雷雨雲中的氣流，由於上下溫度變化甚大；這時候，由於冷空氣急劇下降，而熱空氣又急劇上升，造成上下氣流發生擾動現象而形成許多小漩渦。這些氣流漩渦如果聚集一塊，慢慢變成大漩渦，上下氣流擾動更是猛烈，於是形成更大的漩渦，這也就是俗稱的龍捲風；這種風暴所到之處，幾乎會把地上物夷為平地，破壞力實在太強了！台灣南部也曾出現多次，不但農作物，尤其是香蕉受損，屋舍也遭到破壞。在美國有些地方，每年龍捲風常造成不少人命和財產的損失。

? 為什麼下雨後一放晴，便可看到彩虹？

問：為什麼在下雨以後如果天氣放晴，天空中便會出現美麗的彩虹？

答：在下雨過後，天空中有無數的小水滴，這些水滴就好像觀察光譜用的三稜鏡一樣，能把陽光中的七彩光波展現出來。當陽光通過小水滴的時候，由於光波的折射和反射作用，會把紅、橙、黃、綠、藍、靛、紫等光展現出來，而形成光彩奪目的虹。

? 梅雨季的原因？

問：在台灣每年到了五月中下旬，總是下雨不停，這究竟是什麼原因？還有，這段雨季要延續到什麼時候呢？

答：在台灣，每年的五、六月間，由於正處於冷暖氣流的交匯處；當暖空氣遇冷時，空氣中的水分便會形成雨而滴落地面。然而，由於冷暖空氣交匯時，常發生氣流停滯不前的現象，因此也就產生了霪雨霏霏的現象。在台灣，這段期間正值梅子的採收季節，所以這

種綿延不斷，令人心煩的雨季，也就是大家耳熟能詳的「梅雨期」。

梅雨期的長短常看東南季風的強弱而定；如果東南季風強，便能把冷氣流推向北方，梅雨期也就短些；可是如果東南季風弱，那麼冷暖氣流也就停滯不前，梅雨期也隨之加長了。

不過，在台灣這種「雨季」大多在五、六月間便告結束；可是，也有延長達兩個月之久的。以一九三一、一九五四年的梅雨期來看，曾長達兩個月之久；但是一九三四及一九五九年梅雨季卻只有幾天而已！

❓ 為什麼台北一到冬天，總是下著毛毛雨？

問：為什麼台北一到冬天，總是下著毛毛雨？

答：台灣由於位於亞洲東岸洋中，所以氣候常受季風影響；除了南端為熱帶季風之外，其他地區大多為副熱帶季風氣候。而季風氣候會影響降雨量；在台灣，南、北部降雨情形的季節性變化，各異其趣；在冬天，東北季風盛行，常為北部地區帶來雨水。

由於冬季的東北季風經過太平洋時會帶來充沛的水氣，同時經常有

厚厚的雲層形成；而台北係一盆地，邊緣地帶雖多山坡地，可是這些丘陵並無法阻擋東北季風所帶來的水氣，而這些水氣如遇冷氣團，自然會形成水滴降落；所以，一入冬後，台北市及鄰近地區總會下著毛毛雨。可見，這種現象是由這兒的氣候及特殊的地形所「造就」出來的。

❓ 寒流是怎麼產生的？

 問：請問寒流是怎麼產生的？

答：在冬天時，北半球北部高緯度地區由於吸收太陽輻射能比較少，所以，氣溫很低；空氣因密度增加而往下沉，形成高氣壓。歐亞及北美洲大陸，在冬天時常形成這種高氣壓；冷空氣就從高氣壓中心向外圍流出去。因此當大陸高氣壓中心在適當時機離開發源地時，強烈的冷空氣會從高緯度地區流向低緯度地區，使氣溫急速下降，這種冷氣流叫做寒流或寒潮。台灣地區一般所謂的寒流是指氣溫低於攝氏十度或是在二十四小時內使氣溫下降攝氏八度至十度的氣流。

❓ 下雪時冷，還是雪融化時冷？

 問：最近我和爸爸到武陵農場玩，發現桃山、雪山的頂峰都已積雪；請問，下雪時候較冷，還是雪融化時較冷？

 答：在台灣，雪景可以說十分罕見；不過，每年冬天，在冷鋒過境時，在高山地區，例如雪山、大雪山、玉山、奇萊山等山區，仍可發現這種景象。在下雪的時候，氣溫相當低，如果寒流滯留，那麼天氣必變得十分冷；這時候，如果積雪有融化現象，那麼由於固體要融化為液體時，必得從空氣中吸收熱量，於是氣溫會降得更低，自然而然地，要比下雪時候為冷了。所以，下雪時雖然很冷，但雪融化時會更冷。

❓ 為什麼新竹會比台灣其他地區風大呢？

 問：我們全家到新竹玩，真正領略到著名的「新竹風」；請問，為什麼新竹的風會比其他地方大呢？

答：這可從兩個方面進行探討：第一，就地形來說：新竹位於台灣西北部，境內多山岳及丘陵，地勢由東南漸向西北低移，是一標準台地；此種地形每到颱風季節易受風的影響。由於兩面是山，所形成的狹長區域會使吹進的風更易造成對流現象而形成較大的風勢。另外，新竹近海，而且無掩蔽山岳，海風會順著河流而上。第二，就氣候而言：每年夏天，此區西南季風盛行，冬天東北季風盛行；由於海邊無山岳阻隔，山脈又是由東南走向西北，更助長季風的威力。所以「新竹風」也就因而名聞遐邇了！

其實，如以台灣地區而言，新竹風還不算是「台灣第一」；由資料顯示，風勢最大的是澎湖，其次為恆春，第三位才是新竹。

❓ 雲是什麼形狀？

問：每當我們看到雲時，總會興起一個問題：雲究竟是什麼形狀？

答：雲是由地面的水蒸氣所凝聚而成的；由於水蒸氣的量多寡不一，聚合的情形也未盡相同，因此便會產生許多不同的形

狀；有些如巒巒山峰；有些可能酷似動物的形狀，有的甚至宛如一艘大船一般，形狀並不固定。所以，如果你是位「愛雲的孩子」，不妨以紙、筆把它描繪下來，或藉相機把它拍攝下來，並稍作記錄；久而久之，你可能窺出其中的奧妙，也能成為一位「雲專家」喔！

❓ 雲會不會產生影子？

問：我們知道物體經光照射後會產生影子，雲被陽光照射後會不會產生影子？

答：在光的照射下，許多物體都會產生影子；由於照射角度的不同及物體大小差異，所產生的影子大小也會有所不同。雲會不會產生影子呢？答案是會的；當陽光普照時，如果有一大片雲層飛過，那麼便會在地面上產生陰影，這種現象在夏天時最為明顯，所以你不妨多注意；等雲層一過，又恢復陽光普照的現象。

? 打雷、閃電是怎樣形成的？

 問：我們常在下雨天看到閃電；它究竟怎樣形成的呢？為什麼會打雷呢？

 答：在台灣，夏天天空中常會出現大塊的烏雲；當烏雲相遇，或距地面甚低時，只要雲中的正電荷和負電荷間的電場大到相當的程度時，彼此會相互吸引而中和，並放出火花；這種現象叫做火花放電。而在放電時會產生強烈的光，這種光也就是我們常說的閃電。當閃電發生之後，周圍的空氣會迅速向外擴展而互撞，這時候氣流猛烈撞擊所發出巨大聲響，也就是「轟隆、轟隆」的雷聲。

? 為什麼打雷時先看到閃電後聽到雷聲？

 問：為什麼打雷時先看到閃電後聽到雷聲？是不是因為眼睛位於耳朵前面，較早看到閃電的關係？

 答：你的答案真妙！可惜錯了。閃電和雷聲之所以形成，是由於雲中的陽電荷區和陰電荷區的電場相互作用，而造成火花放

電的現象。在放電時所發出的強烈閃光，會產生高溫而使附近的空氣受熱而膨脹，於是因為水滴被汽化而發出巨大的聲響；這種聲響也就是雷聲。這種自然現象幾乎同時發生；可是由於光速遠比音速為快（在空氣中光速每秒約三十萬公里，音速只有光速的九十萬分之一），所以在打雷時總是先看到閃電才聽到雷聲。

❓ 台灣哪兒有溫泉？哪兒會下雪？

 問：台灣哪兒有溫泉？哪些地方會下雪？

 答：在火山活動頻繁的地帶，溫泉很多；而有些火山雖然不再噴岩漿，但附近一帶，依然有很多溫泉。在台灣，陽明山一帶，礁溪、谷關、關子嶺、知本……等地，也有不少溫泉，有機會去玩時，不妨去泡個溫泉浴。至於下雪，台灣由於地處熱帶及亞熱帶，所以只有在冬天或早春時才較有機會看到雪景。冬天你不妨注意合歡山、玉山這一些山脈吧！

❓ 雪為什麼是白色的？

 問：為什麼雪是白色的呢？

 答：你的問題十分有趣，我們知道雪是一種冰的晶體，這種晶體的結構和鑽石極為相像；因此，當陽光照射時，會把光線折射、反射，而產生純白的顏色，所以雪看起來一片雪白，晶瑩可愛。

❓ 為什麼夜晚腳踏車上的坐墊會濕濕的？

問：有好幾次，每當我要騎車去吃宵夜的時候，坐墊上總是濕濕的，可是天又沒下雨啊！這是為什麼？

答：我想很多小朋友一定也有這種經驗吧！天沒下雨，可是晚上或清晨起來時，卻發現車子的坐墊總是濕濕的。我們都知道，入夜之後，氣溫會降低，這時候地面的熱量逐漸散失時，會使浮游在地面附近的水蒸汽達到飽和而凝聚成水珠，這些小水珠由於重力的關係，會降落在物體上，而使物體濕濕的；而這類小水珠，也就是我們俗稱的露水。這樣解釋，小朋友們可明白？

學習館 14

植物大觀園
自然課沒教的事3

著者	楊平世
繪圖	曾源暢
責任編輯	鍾欣純
美術編輯	張乃云
發行人	蔡澤蘋
出版	健行文化出版事業有限公司
	台北市105八德路3段12巷57弄40號
	電話／02-25776564・傳真／02-25789205
	郵政劃撥／0112263-4
九歌文學網	www.chiuko.com.tw
印刷	晨捷印製股份有限公司
法律顧問	龍躍天律師・蕭雄淋律師・董安丹律師
發行	九歌出版社有限公司
	台北市105八德路3段12巷57弄40號
	電話／02-25776564・傳真／02-25789205
初版	2008（民國97）年4月10日
初版2印	2013（民國102）年12月
定價	**250元**

書號	0205014
ISBN	978-986-6798-13-9

國家圖書館出版品預行編目資料

自然課沒教的事3.植物大觀園 / 楊平
　　世者：曾源暢繪. – 初版. --
　　臺北市：健行文化, 民97.04
　　面；　公分. -- (學習館；14)
　　ISBN 978-986-6798-13-9 (平裝)

　　1.植物　2.問題集　3.通俗作品

370.22　　　　　　　　　　97002371

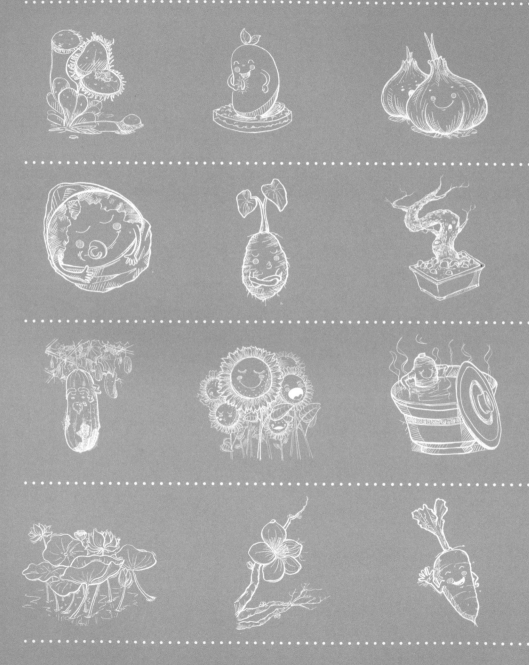